정통 이론과 진화하는 기술

철판구이의 기술

시바타쇼텐 엮음

용동희 옮김

PROLOGUE

최고급 식재료,
그 재료를 잘 살리는 심플하고 세심한 조리,
다양한 요리 퍼포먼스를 눈앞에서 직접 보는 현장감.

이 세 가지를 고루 갖춘 철판구이는
일본을 대표하는 요리문화입니다.
이런 모든 요소가 현대 미식의 테마와 일치하며,
세계적으로도 점점 더 많은 주목을 받고 있습니다.

이 책에서는 전문적인 기본 기술부터
음식의 다양화에 따라 진화하는 기술과
새로운 발상의 창작 아이디어까지,
레스토랑 업계에서 철판구이 현장의
모든 것을 알려줍니다.

철판구이의 「현재」를 이해하면
철판구이라는 요리, 비즈니스, 접대가 지닌
무한한 가능성이 보일 것입니다.

CONTENTS

PART 03 새로운 발상의 창작요리

이 책을 보는 방법

- 레시피에 나와 있는 철판 온도, 가열 시간, 재료 분량은 어디까지나 대략적인 기준이며, 사용하는 도구 등에 따라 달라진다. 세부적인 분량은 생략된 경우도 있다.
- 사용하는 오일 종류를 특별히 표시하지 않은 경우, 일반 식물성오일을 사용한다. 또한 기본적으로 사용하는 소금이나 후추는 재료에 따로 표시하지 않은 경우도 있다.
- 각 레시피의 완성 분량은 단위를 통일하지 않았으며, 경우에 따라 「1접시 분량」, 「만들기 쉬운 분량」 등으로 표시하였다.
- 이 책에 게재된 점포의 영업시간, 메뉴, 가격 정보는 수시로 변경될 수 있고, 가격은 세금 포함이다.
- 이 책은 철판구이 식당에서 참고할 수 있는 기본 기술과 메뉴에 대한 아이디어를 소개하는 책으로, 기본적인 육수, 소스, 가니시 등의 만드는 방법은 생략된 경우가 많다.
- Part 2에서는 메인 레시피 외 추가 레시피를 각 코스 마지막에 모아서 소개하였다
- p.19, 22, 32의 기술은 QR코드를 통해 동영상으로 확인할 수 있다.

PART 01

철판구이란?

철판구이가 무엇인지 알기 위해서는 먼저 필요한 도구와 기술에 대해 알아야 한다. 섬세한 테크닉은 소고기(와규) 등의 식재료를 어떻게 맛있게 구울지, 어떻게 먹는 사람을 즐겁게 해줄지 연구해온 일본인의 감성으로 발전해왔다. 또한 철판가열에서만 특별하게 표현할 수 있는 것은 무엇인지에 대해서도 다루었다.

철판이라는 조리도구

가열시스템에 대한 기초지식

01 철판의 소재

철판이란?

철판이란 철로 만든 판. 다만, 생활에서 사용하는 철의 대부분은 순수한 철(Fe)이 아니라 철과 탄소의 합금으로 만든 강철인 스틸(Fe-C)이다. 산화하기 쉽고 유연성이 부족한 철에 탄소량을 늘려 단점을 보완한 것이다. 물론 철판구이의 철판도 강철*이다.

철판구이용 철판은 대부분 건축이나 토목공사에 사용되는 것과 같은, 매우 일반적인 SS(Steel Structure) 소재로 「SS400」**이라는 규격 철판이다.

탄소강 강재인 SC(Steel Carbon) 소재를 사용하는 경우도 있다. 「S45C」(탄소 함유량 0.42~0.48%), 「S50C」(탄소 함유량 0.47~0.53%) 등이 있다. 가격은 비싸지만 저탄소 SS에 비해 경도가 높아 철판 위에서 칼을 사용해도 흠집이 잘 나지 않는다. 그리들 패드로 닦아도 잘 마모되지 않고 수명도 그만큼 길다.

* 강철의 탄소 함유량은 0.02~2% 정도이다. 강철의 성질을 결정하는 요소는 여러 가지가 있지만, 일반적으로 탄소 함유량이 늘어날수록 단단하고 강하며, 그와 반비례로 인성(인장강도 = 유연함)은 약해진다.

** 숫자는 「인장강도 N/㎟(MPa)」를 나타낸다. SS400의 경우 약 400~510N/㎟이다. 내용 성분에 대한 규격은 없지만, 탄소 함유량은 0.15~0.2% 정도이다.

표면 가공

철판구이의 철판은 보기 좋게 반짝거린다. 식재료에 열을 골고루 전달도 해야 하지만, 그 위에서 칼끝이 잘 미끄러지기 위해서는 철판이 휘거나 움푹 파이거나 거친 부분이 있으면 안 된다. 철판은 가공하지 않은 생철판을 수동으로, 또는 기계로 연마하여 평면을 고르게 만들어야 비로서 제품이 된다. 사용할수록 표면이 미세하게 오염되거나 흠집이 생기기 때문에, 날마다 표면을 닦아서 원래대로 되돌려야 한다.

또한 몬자야키 가게 등에서 손님용 철판으로 사용하는 「흑피(Mill Scale)」는 강재를 만들 때 수분을 날릴 목적으로 담금질한 뒤 연마하지 않은, 회색 철판에 기름을 바르고 낮은 온도에서 천천히 구워 검게 변색시킨 것이다. 막이 있어서 손질할 때 연마는 할 수 없다. 부침개 등 밀가루 음식이 잘 달라붙지 않고, 행주로 간단하게 청소하기 좋다는 장점이 있어 많이 사용한다.

주문제작하면 보통 폭이 450~3000㎜ 정도 된다. 찌꺼기 버리는 구멍의 유무, 요리하는 쪽 테두리 구조 등 여러 가지를 선택할 수 있다.

02 가열시스템

철판구이의 열원은 크게 가스와 전기로 나눌 수 있다. 전기에는 전기히터, 저주파 IH, 고주파 IH, 카본램프 등이 있다. 각각의 가열 구조와 특징을 살펴보자.

* 버너 끝에 배기구를 설치하고 덕트와 팬을 통해 필요 없는 열기를 강제로 제거하는 시스템. 요리사의 신체적 부담이나 공조부하를 줄일 수 있다.

가스식

오래전부터 사용된 것으로 원리적으로는 「가스레인지에 철판을 씌운」 구조이다. 제품으로는 국소집중 타입의 원형버너, 광범위하게 열을 전달하는 H형버너 등이 있다. 철판 두께는 16~25㎜.

이니셜 코스트(Initial Cost, 초기 비용)가 전기식에 비해 낮다. 또한, 복사열과 더불어 배출되는 열의 영향으로 주변온도(특히 요리사쪽)가 높아지기 쉬워 공조부하가 가중된다. 오일 미스트(음식을 조리할 때 발생하는 미세한 기름 입자)도 많이 발생한다. 기본은 자연배기식이고, 보다 쾌적한 환경으로 정비할 수 있는 강제배기 시스템*도 있다.

1장의 철판 안에서도 위치(열원으로부터의 거리)에 따라 온도차가 생긴다. 반대로 말하면 위치에 따라 고온, 중온, 저온을 동시에 사용할 수 있다. 또한 수동으로 온도를 빠르게 높일 수 있는 것도 장점이다. 다만 요리사의 기술이나 감각이 요구된다.

담금질을 하지 않은 생철판을 사용한 심플한 가스식 철판의 경우, 구입한 뒤 사용하기 전에 「담금질」을 해야 한다. 오랜 시간 낮은 온도에서 천천히 가열해 산화열을 만드는 과정이다. 이 과정을 거치지 않으면 휘거나 뒤틀릴 수 있다.

가스식

옆에서 본 모습

원형버너

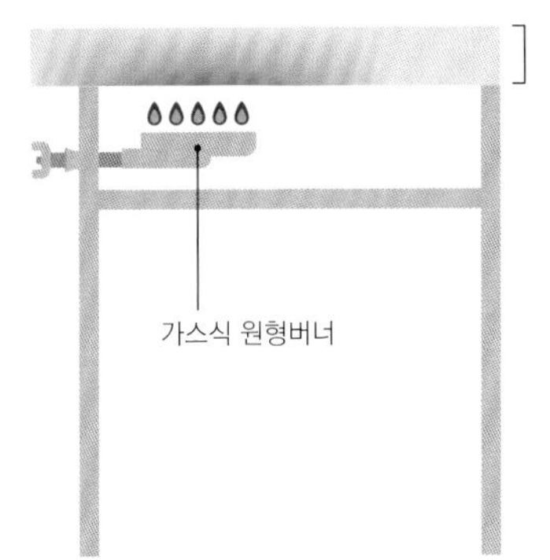

H형버너

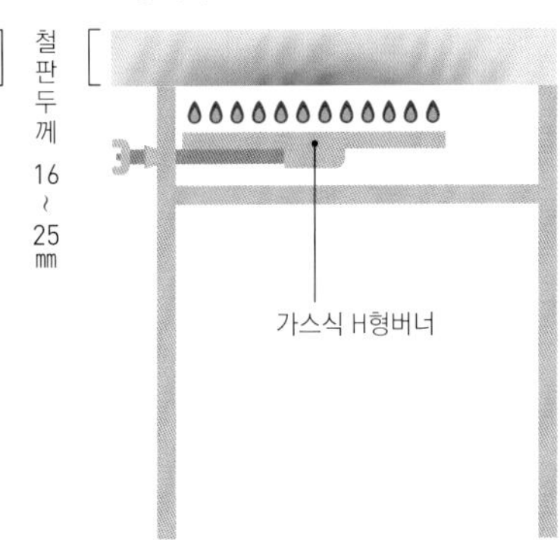

위에서 본 모습

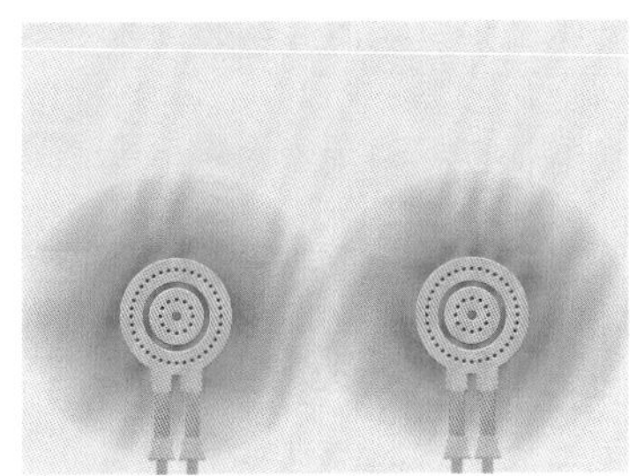

원형버너

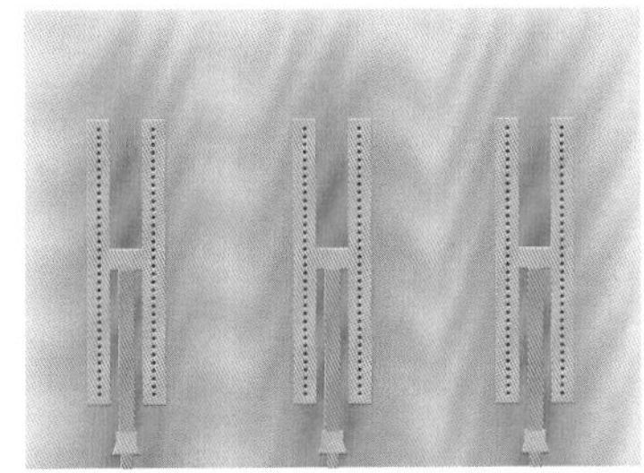

H형버너

전기식

가스식에 비해 이니셜 코스트는 높지만 열효율이 높고 연소가스가 생기지 않아 공기를 깨끗하게 유지할 수 있는 것이 장점이다. 때문에 환기나 공조설비에 대한 러닝 코스트(Running Coast, 유지관리 비용)를 줄일 수 있다. 온도설정도 간단해서 조작방법을 매뉴얼화하기 쉽다.

일본에서 본격적으로 전기히터식 그리들이 나오기 시작한 것은 1990년쯤이다. 비교적 저렴한 가격대의 제품도 있고, 자유롭게 조합할 수 있어서 널리 사용하기 시작하였다.

한편, 바로 뒤를 이어서 등장한 것이 IH(Induction Heating) 타입이다. 새로 개업한 호텔의 전기식 주방에 많이 도입되었다. 처음에는 고주파 타입을 많이 사용했지만 잦은 고장 등으로 사라지고, 지금은 같은 IH이기는 하지만 원리가 다른 저주파 제품을 많이 사용한다. 2003년부터는 카본램프를 히터로 사용한 제품이 등장하였다.

전기히터식 그리들

철판 바닥면에 히터를 설치하고 아래쪽을 단열 커버로 감싸는 구조이다.

열전도로 철판에 열을 전달하기 위해 철판 두께는 20㎜까지가 적당하다(더 두꺼우면 잘 달궈지지 않고, 잘 식지도 않아 조절하기 어렵다).

설정온도에 도달하여 일부 히터가 꺼져도 단열 커버 내에 쌓인 열이 모두 발산될 때까지 철판으로의 열전도는 계속되기 때문에, 설정온도보다 온도가 더 높이 올라간다. 이를 제어하는 장치는 아날로그식, 디지털식, 마이크로컨트롤러 PID 제어식 등이 있으며, 종류에 따라 가격 차이가 있다.

저주파 IH 그리들과 가격을 비교하면 아날로그식은 45~50%, 디지털식은 35~40%, 마이크로컨트롤러 PID 제어식은 25~30% 정도 저렴하다.

다양한 형태가 있어 필요에 맞게 가열범위와 발열용량(㎾)을 조합할 수 있다.* 수명도 비교적 길다.

저주파 IH 그리들

전자유도코일에 상용전원(50㎐/60㎐)의 전류가 흐르면 철심에서 발생하는 자속(자기력선 다발)이 철판을 통과하여 소용돌이전류가 발생하고, 그에 대한 저항으로 철판 자체가 발열한다(줄열 발생). 이러한 가열 원리를 이용한 것이 저주파 IH 그리들이다. 다른 그리들이 간접가열(열원으로 철판을 가열하여 철판에서 식재료로 전도)인데 반해, 이 경우는 직접가열(철판 자체가 열원)이 된다.

자속이 철판 표면 가까이까지 흐르기 때문에, 위아래의 온도차가 거의 없다는 점이 가장 큰 특징이다. 설정 온도보다 높이 올라가는 과승온도(오버슈트)는 1~2℃ 정도로 정확하다. 철판이 30㎜로 두께가

전기히터식 그리들

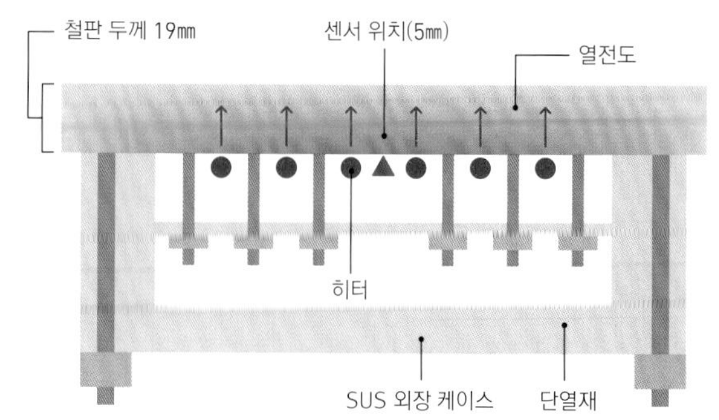

저주파 IH 그리들

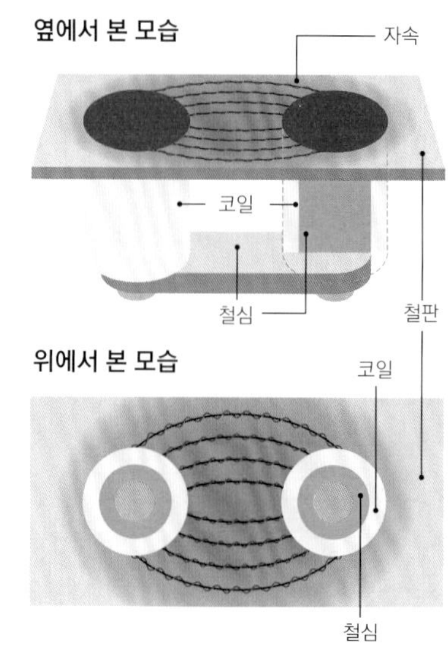

교번자속(교대로 반복) → 소용돌이전류 발생 → 저항에 의해 철판 자체가 발열

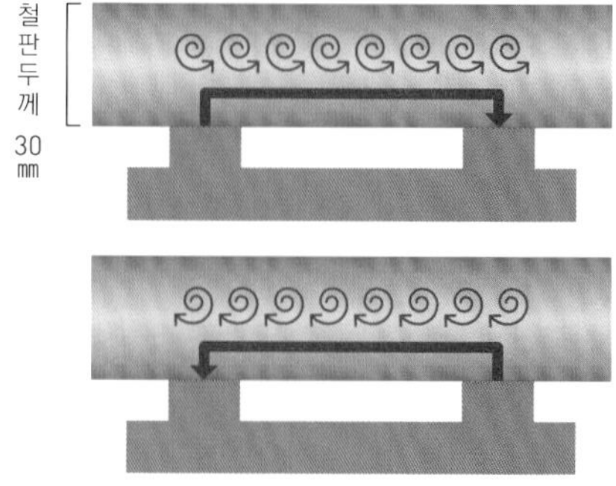

* 예를 들어 가로로 긴 철판의 경우, 철판 중앙에 5㎾의 전기히터(또는 저주파 IH)를 설치하고 양옆에 1.5㎾의 예비 히터를 설치하면, 빨리 가열되어 겨울철에 특히 편리하다.

있기 때문에 축열량이 많고 온도하강은 매우 적다. 3열 코일(Three-Phase 200V)의 경우, 1유닛당 가열면적은 폭 500㎜, 길이 400㎜ 정도로 넓은 면적을 가열할 수 있다.
현재 유일하게 저주파 IH 그리들을 개발해 판매하고 있는 하이덱사는 철판 바닥면에 순수한 철로 만든 사각막대를 용접하고, 외장 케이스와 철판은 볼트와 너트로 고정해 철판이 휘거나 흔들리지 않는 것이 특징이다.
가격은 전기식 중 가장 비싸지만 에너지가 절약되어 러닝 코스트가 낮고, 고장이나 시간의 흐름에 따른 노화가 적어 수명이 길다.

고주파 IH 그리들

고주파란 주파수를 인버터(주파수 변환기)로 약 20~30㎑의 고주파로 변환한 것이다. 철판 바닥면에 소용돌이모양의 전자유도코일을 비접촉으로 설치하고, 거기에 고주파 전류를 흘려 자속의 작용에 의해 철판 바닥면에 소용돌이전류를 발생시켜 줄열을 발생시킨다. 다만, 자속은 철판 바닥면의 표피에만 흐르기 때문에, 가열은 부분적으로 이루어진다.
또한 표준적인 냄비 가열용 소용돌이 코일의 경우, 도넛모양으로 열을 유도하므로 중심은 가열되지 않는다. 냄비의 가열(수분 대류가 일어난다) 또는 보온용 철판으로는 사용할 수 있지만, 직접 식재료를 굽기에는 가열범위가 좁아서 철판구이에 알맞다고는 할 수 없다. 또한 하부에 열이 고이기 쉬워 온도가 지나치게 상승하기 쉽다. 열에 약한 구조이기 때문에 냉각 팬을 돌려야 하며, 오일 미스트를 흡입하면 쉽게 고장난다.

카본램프 히터식 그리들

탄소섬유 발열체를 이용해 철판을 달구는 간접가열식 히터. 1유닛당 카본램프 3개를 설치한다. 열용량은 자유롭게 조절할 수 있으며, 필요에 따라 히터 위치를 정할 수 있다. 철판 두께는 19~25㎜. 쉽게 달궈져서 기존의 전기히터보다 20% 정도 전력을 아낄 수 있다. 램프의 수명은 5~10년이므로 교환이 필요하다. 저주파 IH 그리들보다 가격이 30% 정도 저렴하다.

고주파 IH 그리들

옆에서 본 모습

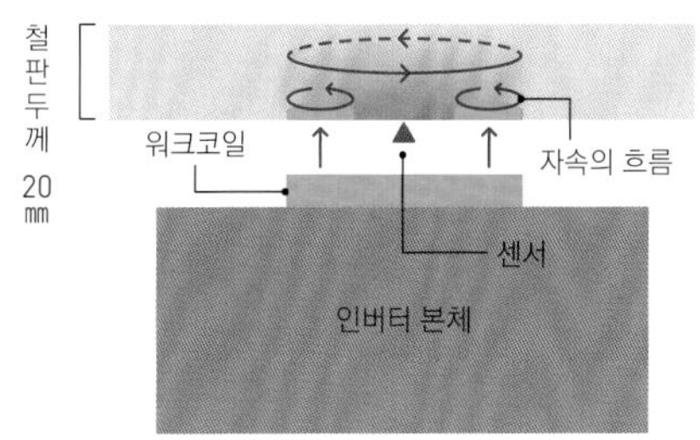

위에서 본 모습

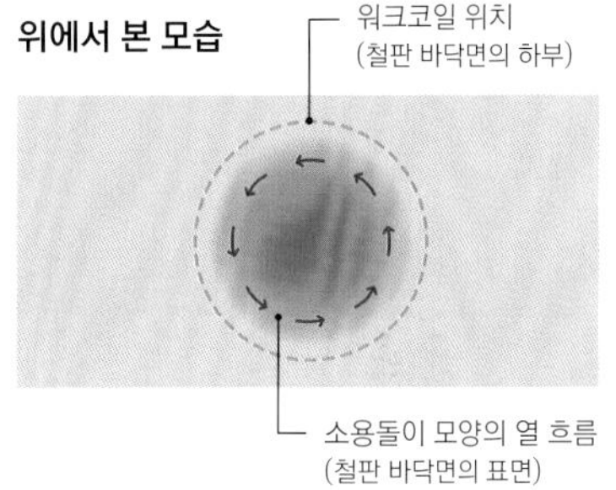

카본램프 히터식 그리들

옆에서 본 모습

감열봉
철판두께
19~25㎜
히터
반사판

위에서 본 모습

취재협력/하이덱(HiDEC)주식회사
전자유도 가열기술을 이용하여 1980년에 저주파 IH 프라이어를 개발.
1987년부터 저주파 IH 그리들을 제조 판매하고 있다.

평소의 철저한 관리가 맛을 좌우한다

철판 관리방법과 요령

철판은 가열도구인 동시에 식재료에 직접 닿는 조리도구이다.「눌어붙은 오염물은 바로 제거한다」,「하루 일과를 마무리할 때 깔끔하게 청소한다」 등을 반드시 실천해야 한다. 날마다 철판을 깨끗하게 되돌려서 좋은 상태로 오래 사용하려면 관리에도 요령이 필요하다.

해설_ 나카야마 신고(아이넥스주식회사 본사 영업부장)

관리 도구

고온용 그리들 패드
눌어붙은 오염물 제거용. 220°C까지 사용할 수 있다. 사진에서 오른쪽은 패드 위에 올려서 사용하는 홀더(3M 제품).

저온용 그리들 패드
연마, 광택내기용. 고온용보다 결이 촘촘하며, 100℃ 이하에서 사용할 수 있다. 가장 밑에 있는 것은 눌어붙은 자국을 제거할 때 사용하는 그리들 스크린이다.

전문가용 핸드 패드 No.7447
그리들뿐 아니라 냄비 등에도 사용할 수 있다. 저온용보다 결이 좀 더 촘촘하며, 100℃ 이하에서 사용할 수 있다.

스크레이퍼
달라붙은 것을 벗겨내고 철판 모서리에 낀 오염물을 긁어낸다. 철판 전용 제품도 있지만, 일반 공구인「올파(OLFA)」 제품을 추천한다.

영업 중 청소

물에 적신 부직포 행주를 가로로 길게 접은 뒤, 양손에 든 주걱으로 행주를 움직여서 요리할 때 사용한 부분을 세로방향이나 타원을 그리면서 문지른다. 또는 얼음을 감싼 부직포 행주로 닦거나, 기름때에 물을 조금 뿌린 뒤 키친타월을 접어서 올리고 주걱을 이용해 문지른다. 심하게 눌어붙었을 때는 먼저 주걱으로 직접 철판을 문지른다(손님쪽으로 튀지 않도록 적신 부직포 행주로 주걱을 가리고 작업한다).

사용 후 손질 - 오염물을 완전히 제거한다

열원을 끄고 손질을 시작한다. 뜨거울 때는 고온용, 100℃ 이하에서는 저온용 그리들 패드 또는 핸드 패드를 사용한다.

왼쪽_ 오염물이 눌어붙어 있는 부분은 사용하지 않은 새 고온용 패드로 문지른다.
오른쪽_ 일단 키친타월로 쇳내를 닦아내고, 기름을 두른 뒤 전체를 닦는다.

1 눌어붙어 탄 자국이 있는 경우에는 먼저 사용하지 않은(결이 눌리지 않은) 고온용 패드, 또는 저온용 스크린으로 문질러서 제거한다.

2 철판에 오일을 조금 두르고 몇 번 사용한(어느 정도 결이 눌려서 사

용하기 가장 좋은 상태) 고온용 패드, 또는 저온용 패드나 핸드 패드로 철판 끝에서 끝까지 가로 또는 세로방향으로 고르게 문지른다.

3 패드 밑에 키친타월을 대고 쇳내를 닦아낸다.

4 철판의 네 모서리나 테두리에 낀 찌꺼기는 의외로 못보고 지나치기 쉽다. 조리용 주걱으로는 좁은 틈에 낀 오염물을 긁어낼 수 없으므로, 스크레이퍼를 사용해 항상 꼼꼼하게 제거한다.

왼쪽_ 전체를 문지를 때는 4~5번 정도 사용한 고온용 패드를 사용하는 것이 좋다. 계속 같은 힘으로 1번에 1줄씩 문지른다.
오른쪽_ 깨끗하게 닦은 상태.

영업 전 준비 - 깔끔하게 항상 닦는다

다음날이면 철판의 수분이 날아가고 전날 청소할 때 사용했던 유분의 막이 남아있는 상태가 된다. 이대로 사용하면 식재료가 달라붙어 타기 때문에 깨끗이 닦아내야 한다.

1 작업하기 쉽게 철판을 50~70℃로 데운다.

2 오일을 조금 두르고 저온용 그리들 패드로 문지른다.

3 두꺼운 키친타월 또는 깨끗한 부직포 행주로 닦아서 보송보송하고 매끈한 상태가 되면 준비 끝. 좀 더 꼼꼼하게 닦고 싶을 때는 핸드 패드로 닦으면 효과적이다.

100℃ 이하에서 닦을 때는 저온용 패드를 사용한다. 구석구석 골고루 닦는 것이 중요하다.

핸드 패드는 저온용 패드보다 결이 더 촘촘해서, 좀 더 매끈하게 마무리된다.

>> 부침 또는 튀김 요리를 만드는 매장의 경우

사용한 뒤에는 철판 온도가 약 100℃(사용하는 세제에 따라 다르다)까지 내려가면, 알칼리성 철판 전용 세제를 저온용 그리들 패드로 바르고 문지른다. 물을 적당히 뿌리고 유화시켜서 닦아낸 뒤 물행주, 마른행주 순서로 닦는다. 영업 전에는 철판의 열원을 켜고 50~70℃로 따뜻해지면 오일을 얇게 바른다.

MEMO :

세로 닦기? 또는 가로 닦기?

철판의 결은 가로방향이므로 새것처럼 결을 고르게 만들기 위해서는 가로로 닦는 것이 좋다. 그렇지만 한 번에 닦는 길이가 짧아야 작업하기 편하기 때문에, 세로로 닦는 가게도 많다.

공통적으로 주의할 점은 오염물이 눈에 잘 띄는 가운데 부분만 열심히 닦기 쉽다는 것이다. 그렇게 몇 년 동안 계속 가운데만 닦다 보면 확실히 그 부분이 다른 부분에 비해 빨리 닳는다. 가로로 닦을 때는 길이가 2m 정도 되는 긴 철판이라도, 체중을 고르게 실어 끝에서 끝까지 한 번에 닦는다. 세로로 닦을 때는 가장자리부터 순서대로 숫자를 세면서 전체를 똑같이 나눠서 닦는 것이 좋다.

또한 세로로 닦으면 위아래가 고르게 마무리되지 않고 얼룩질 수 있으므로, 위아래 가장자리를 길게 가로로 닦아서 얼룩을 지우면 깨끗하게 마무리할 수 있다. 또한 비스듬히 사선으로 그물무늬를 만들 듯이 닦아도 좋다.

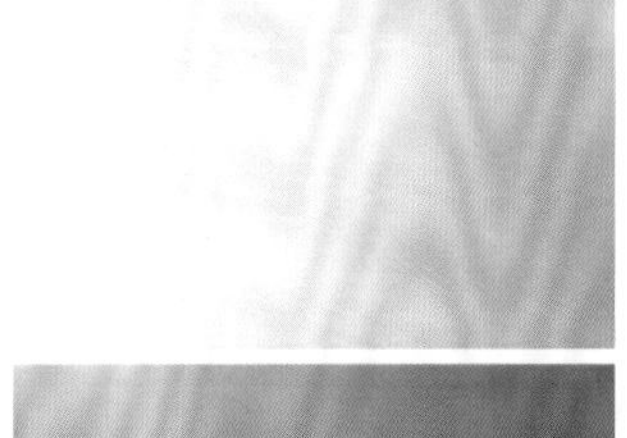

위_ 깨끗하게 닦은 모습(가로 닦기).
아래_ 세로로 닦은 뒤, 위아래 가장자리를 가로로 닦은 모습.

철판구이의 7가지 도구

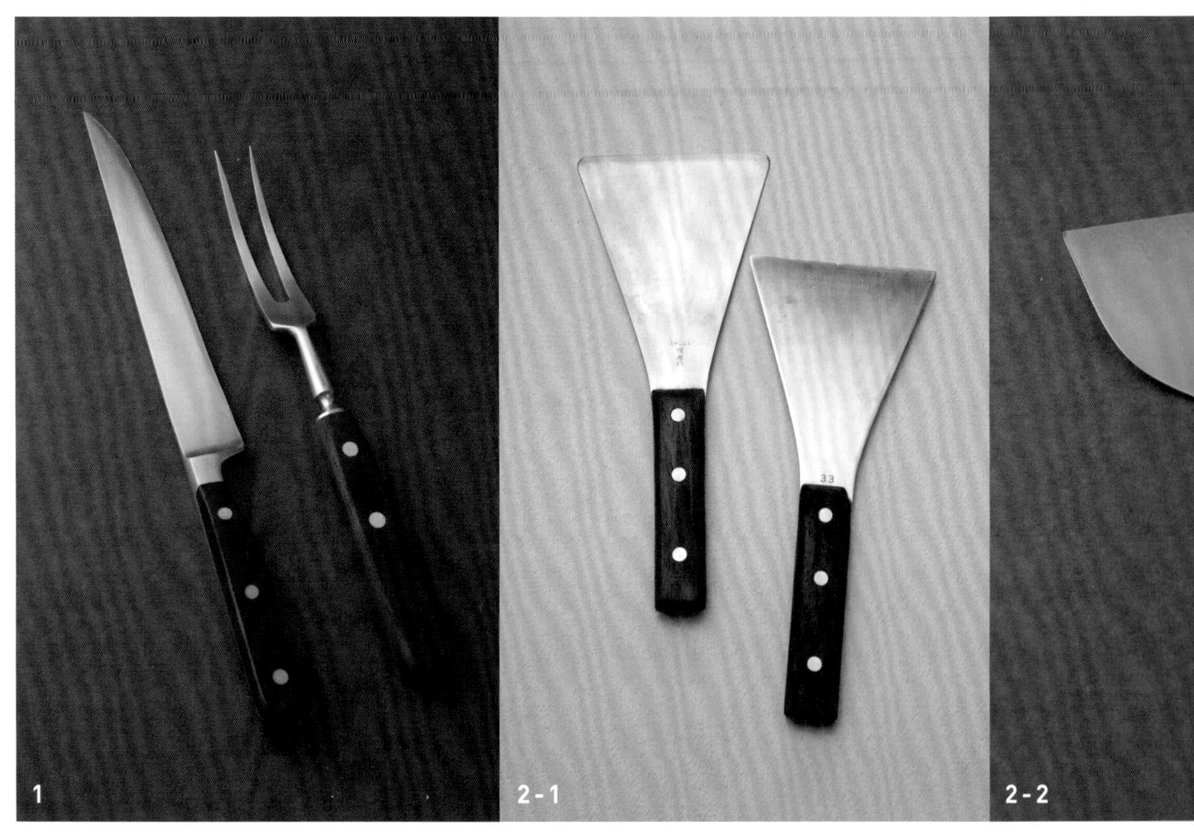

1. 나이프 & 포크

스테이크를 제공할 때 반드시 필요한 도구이다.
칼은 철판 위에서 자르기 위해 가늘고 날이 지나치게 날카롭지 않은 카빙용을 사용하기 때문에, 도마에서 사용하기에는 적합하지 않다. 철판 위에서는 눌러서 자르지 않고 당겨서 자른다. 잘 드는 칼이 필요해서 일반적인 힘줄 제거용(스지히키) 칼 등을 철판용으로 사용하는 경우도 있다. 하지만 그런 경우에는 가장 먼저 철판에 닿는 칼끝이 철판을 손상시키지 않도록 날을 많이 세우지 않고, 고기를 자르는 칼의 가운데 부분은 잘 잘리도록 날을 세우는 기술이 필요하다.
두 갈래 포크는 미트 포크, 카빙 포크라고도 한다. 끝은 어느 정도 날카롭지만 「찌르기」 위해서라기보다는 고기나 해산물을 누르거나 뒤집고, 채소의 익은 정도를 확인하기 위해 사용한다.
두 갈래의 날은 곧은 것보다 사진처럼 구부러진 것이 더 사용하기 편하다.

2. 주걱

편평한 삼각형 주걱은 스크레이퍼 또는 바치〔バチ〕라고도 부른다. 2-2 사진처럼 꺾인 주걱 종류를 일본의 오코노미야키 가게에서는 지역에 따라 헤라〔ヘラ〕, 고테〔コテ〕, 데코〔テコ〕, 이치몬지〔一文字〕, 가차쿠리〔カチャクリ〕 등 다양한 이름으로 부른다.
철판에 오일을 넓게 펴기, 오염된 오일이나 찌꺼기를 모아서 버리기, 식재료에 오일 두르기, 뒤집기, 익은 정도 확인하기, 자르기, 접시에 담기 등 무엇이든 할 수 있는 만능도구이다. 주걱 끝을 원하는 대로 갈아서 철판구이에서 손님의 시선이 가장 집중되는 곳은 셰프의 「손」이다. 굽기는 물론, 자르기, 찌기, 담기 등 모든 동작을 식재료에 직접 손을 대지 않고 진행한다. 여기서는 그럴 때 멋진 손놀림을 보여주기 위해 사용하는 도구를 소개한다. 가능한 한 다른 것으로 바꾸지 않고, 적은 도구로 다양한 작업과 조리를 해내는 것이 철판구이의 중요한 포인트이다. 따라서 손에 잘 맞는 도구를 골라야 한다.

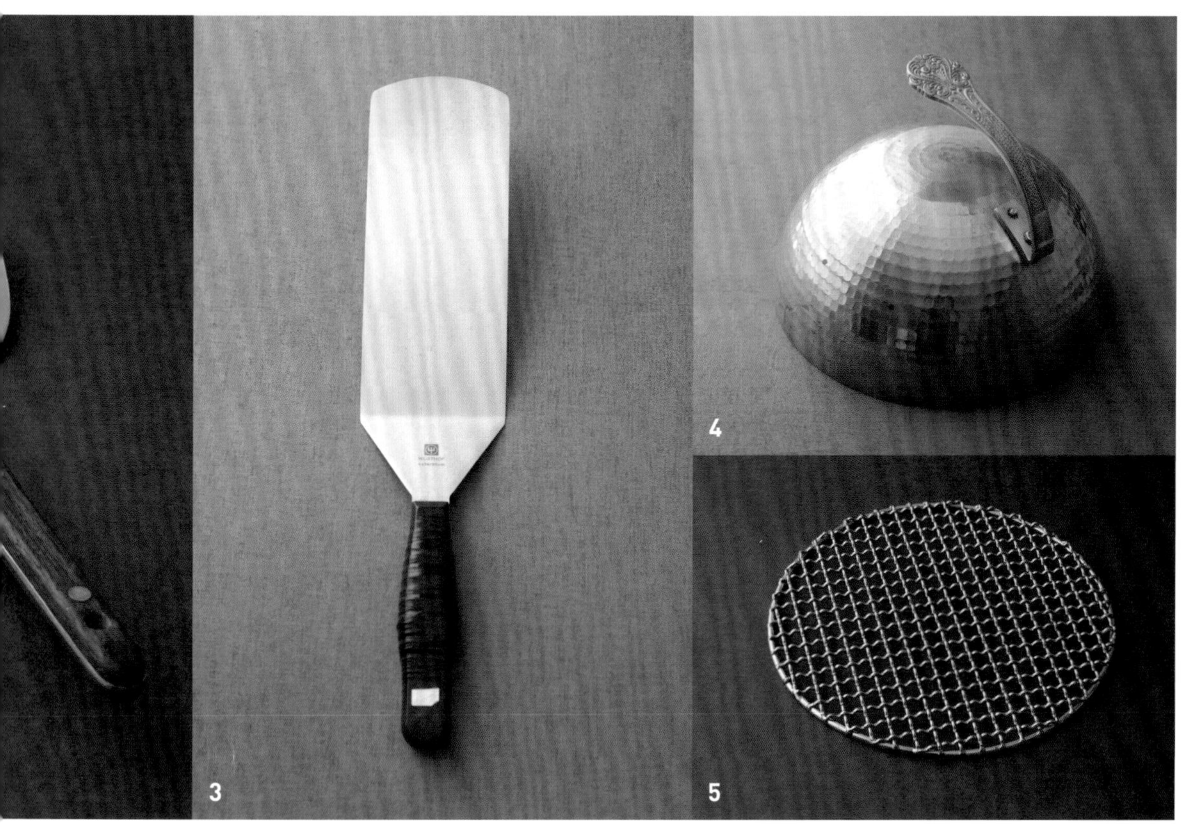

사용하는 사람도 있다. 도구에 따라 철판에 닿는 소리가 다르기 때문에, 분위기가 중요한 고급 음식점에서는 소리가 요란하지 않은 주걱을 선택한다.

3. 터너(뒤집개)

주걱보다 길어서 큼직한 고기나 생선을 옮기고, 식재료를 철판에 대고 누르고, 고기 밑으로 재빨리 통과시켜 오일을 넣을 때 사용하기 좋다. 모양이 보기 좋아서 터너를 선호하는 사람도 있다. 터너와 포크, 주걱과 포크, 주걱 2개 등 각각 원하는 방식으로 조합해서 사용한다.

4. 클로슈(덮개)

식재료를 찌듯이 굽거나 짧게 훈연할 때 덮개로 사용한다. 보온효과는 거의 없다. 스테인리스 재질이나 사각형 클로슈도 있지만, 고급 음식점에서는 따뜻하고 화려한 느낌이 있는 구리 재질의 돔모양 클로슈를 많이 사용한다. 단, 녹이 생기기 쉬우므로 항상 신경 써서 관리해야 한다. 손잡이는 뜨거워지지 않지만 약간의 열이 손에 전달되기 때문에, 전해지는 온도로 식재료의 익은 정도를 감지한다.

5. 석쇠

고기를 구운 뒤 휴지시키거나, 훈연할 때 식재료를 올려놓는 용도로 사용한다.

철판구이의 기본 테크닉

철판구이는 단순히 「재료를 철판에 굽는 것」이 아니다. 가열에 대한 감각과 기술이 필요할 뿐 아니라, 철판 위에서 자르고, 껍질을 벗기고, 접시에 담는 등의 모든 조리 동작을 거침없이 그리고 보기 좋게 진행하기 위해, 식재료에 대한 지식과 세련미도 필요하다. 그럼 실전에서 철판 위의 식재료를 어떻게 다루고, 굽고, 요리로 완성해야 하는가. 여기서는 대표 식재료를 통해 철판구이 장인이 축적한 「기본 테크닉」을 소개한다.

요리·해설_ 고바야기와 야스시 / 협력_ 히이덱주식회사

01 구로게와규

구로게와규(구로게와슈)란

구로게와규〔黒毛和牛〕는 원래 주고쿠 지방, 긴키 지방에서 사육하던 미시마규〔見島牛〕 등의 역우(농사 등 일을 시키려고 기르는 소)와 외국종을 교배시켜 개량한 품종이다. 고기에 마블링이 많은 것이 특징으로, 마블링 있는 고기를 고급으로 여기는 일본의 식문화를 뒷받침해왔다. 사료를 주는 방식으로 육질, 마블링 정도를 조절한다. 일본의 소고기는 3단계의 육량등급과 5단계의 육질등급(지방교잡, 조직감, 색깔 등)에 의해 A5부터 C1까지 15단계로 분류된다. 단, 육질은 어디까지나 겉으로 보이는 상태에 대한 평가이면서 맛과 관련된 기준이지만, 맛 자체에 대한 평가는 아니다.

최근 살코기에 대한 평가가 좋아지면서, 예전의 「마블링 신앙」은 변화했다. 마블링이 있어야 좋은 고기로 평가하는 것이 아니라, 고기 자체의 우수한 질과 맛이 요구되고 있다. 30개월령 이상(일반적으로는 28개월령), 때로는 45개월령까지 계획적으로 비육해(고기를 생산하기 위하여 운동을 제한하거나 질이 좋은 사료를 주어 가축을 살이 찌게 기르는 것), 「살아있을 때부터 고기를 숙성시키는」 생산자도 있다. 어떤 방법으로 맛있는 고기를 만들 것인가에 대한 선택지가 늘어나서, 「맛과 품질은 등급이 아니라 소의 혈통 및 생산자에 달려 있다」는 것이 유통업체, 셰프들의 공통된 의견이다.

지방의 녹는점이 낮다

구로게와규는 살코기와 지방 모두 독특한 부드러움과 깊은 맛이 있다. 특히 오랫동안 비육된 소고기는 지방의 녹는점이 낮아서, 고기를 먹었을 때 이 지방에 의해 특유의 부드러운 식감을 느끼게 된다. 고기를 상온에 두면 점점 표면에 윤기가 나기 시작한다. 보통 고기를 이런 상태로 만든 다음(고기 표면 온도를 상온으로 만든 뒤) 굽는 것이 좋다. 냉장고에서 꺼내자마자 고온의 철판에 올리면, 수축이 일어나서 부드럽게 구워지지 않기 때문이다.

소금과 오일 사용방법

고기의 양면에 소금, 후추를 뿌리고 바로 굽는 스타일이 일반적이다. 하지만 구운 뒤에 뿌리거나, 소금은 처음에 뿌리고 후추는 마지막에 뿌리는 방법도 있다. 소금이 고기에 닿으면 탈수가 일어나고 후추는 구우면 탄다. 이런 현상과 효과를 어떻게 이용할지는 굽는 사람에게 달려 있다.

철판에 뿌리는 유지류는 소기름(우지), 갈릭오일, 식물성오일(개성이 강하지 않은 투명한 정제유) 등이 있다.

식물성오일을 사용해 고기의 향을 그대로 살릴지, 소기름의 감칠맛으로 볼륨업시킬지, 또는 마늘의 고소한 향으로 상승효과를 노릴지는, 고기 부위, 품질이나 상태, 그리고 먹는 사람의 취향에 따라 선택한다.

설로인

살코기와 지방의 균형이 잘 맞아서 스테이크용으로 가장 적합한 부위. 감칠맛, 풍부한 육즙, 씹는 맛이 알맞게 균형을 이루도록 굽는다. 예전에는 설로인을 크고 넓적하게 잘랐지만, 요즘은 두껍게 자르는 경우가 많다.

>> 동영상 보기

1

고기의 한쪽 면에 소금, 후추를 뿌린다.

2

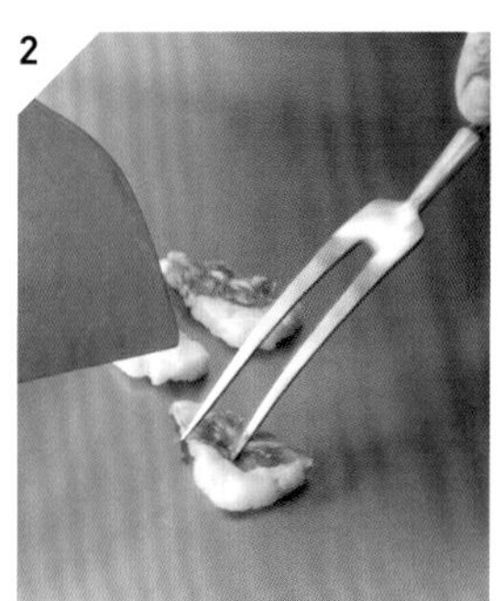

자투리고기를 작게 잘라, 200℃ 철판에 올려서 굽는다.

3

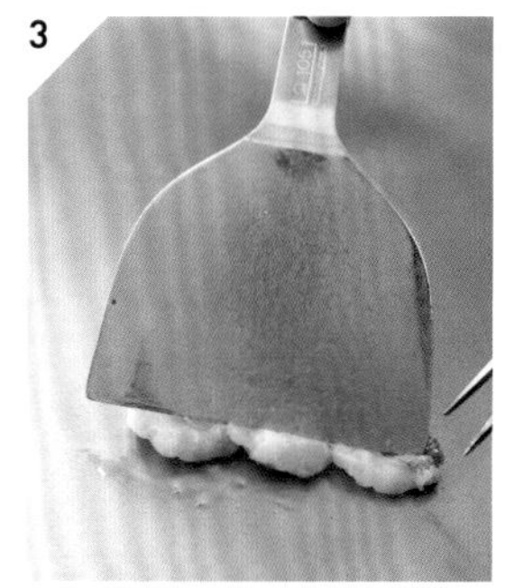

주걱으로 고기를 철판에 대고 눌러서 기름을 낸다.

POINT

사진의 고기는 150g. 잘라낸 힘줄 부분의 자투리고기를 사용해 기름을 낸다.

4

포크로 고기를 세운 뒤 뒤집어서 주걱 위에 올리고

5

기름 위에 놓는다(소금, 후추를 뿌린 면이 아래로 가게 올린다).

6

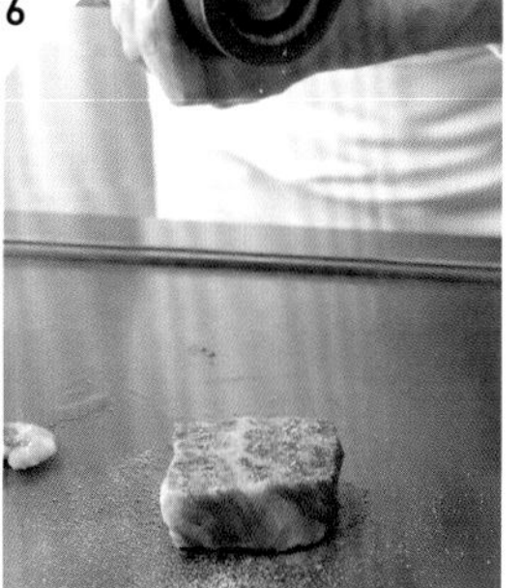

아직 소금과 후추를 뿌리지 않은 윗면에 소금, 후추를 뿌린다.

POINT

모든 재료는 맨손으로 만지지 않는다. 재료를 집거나 옮길 때도 주걱과 포크를 사용한다.

7

고기를 옆으로 조금 밀어놓고, 주위의 소금, 후추를 주걱으로 모아서 버린다.

8

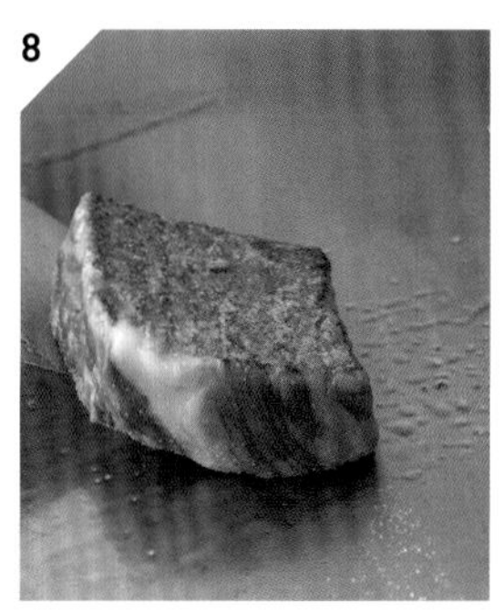

아랫면에 보기 좋게 구운 색이 나면 뒤집는다.

9

반대쪽도 같은 방법으로 먼저 표면에 깔끔하게 구운 색을 낸다.

POINT

처음에 고기를 올리고 나면 고기를 살짝 움직여서 철판에 닿는 면과 기름이 잘 어우러지게 한 뒤, 면 전체가 철판에 닿도록 위에서 살짝 누른다. 먼저 양쪽 표면에 순서대로 보기 좋게 구운 색을 낸다.

10

고기에서 나온 기름은 고기를 살짝 옆으로 밀어놓고, 주걱으로 모아서 버린다.

11

구워서 단단해지면 열원의 중심에서 조금 떨어진 위치로 옮긴다.

12

위아래를 2~3번 뒤집어주면서 천천히 고르게 익힌다.

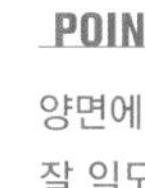

POINT

양면에 구운 색이 나면 속까지 잘 익도록 서서히 화력이 약한 위치로 옮겨, 위아래에서 열이 전달되게 한다. 구워진 정도는 옆면의 상태와 주걱으로 고기를 살짝 눌렀을 때 제자리로 돌아오는 탄력으로 판단한다.

13

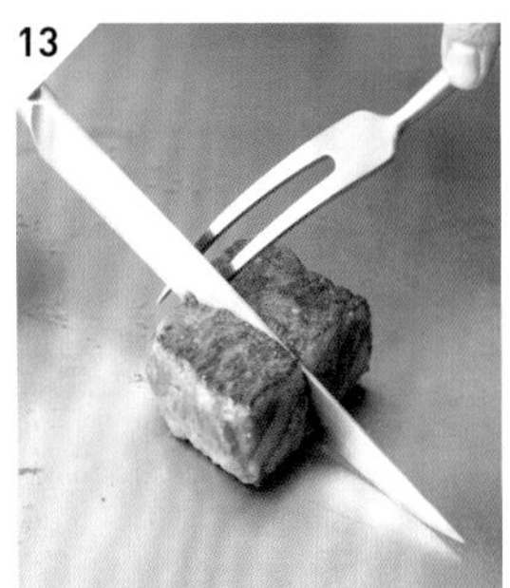

2등분한다.

14

재빨리 자른면이 아래로 가게 놓고 5초 동안 굽는다. 반대쪽도 같은 방법으로 굽는다.

15

철판 가장자리로 옮겨서(자른면이 위로 가게 놓는다) 휴지시킨다.

POINT

고기를 자른 뒤 자른면에서 육즙이 빠져나오지 않도록 살짝 굽고, 철판 가장자리(저온 위치)로 옮겨 휴지시킨다. 휴지시키는 동안에도 철판의 중심쪽과 가장자리쪽의 온도차를 고려해, 중간중간 고기의 방향을 바꿔준다.

16

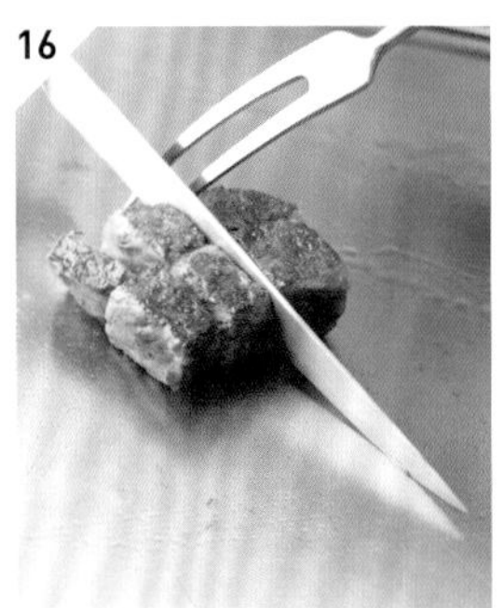

마지막으로 각 면을 고온 위치에서 살짝 데운 뒤 한입크기로 썬다.

17

접시에 담는다(주걱에 고기를 올린 뒤 포크를 대고 주걱을 당겨서 뺀다).

안심

결이 촘촘한 육질이 특징이다. 움직임이 없는 부위이기 때문에 설로인처럼 씹는 맛을 즐기기는 힘들다. 연한 부위이므로 섬세한 육질이 손상되지 않도록 더 부드럽게 익힌다. 강한 화력으로 고기가 수축되지 않도록, 표면이 익어서 단단해지면 위아래를 몇 번씩 뒤집으면서 천천히 굽는다.

1

고기의 한쪽 면에 소금, 후추를 뿌린다.

2

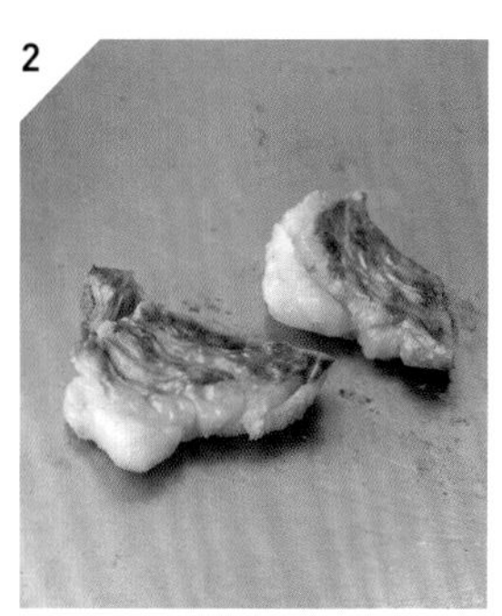

자투리고기를 200℃ 철판에 올려 굽는다. 주걱으로 눌러서 기름을 낸다.

3

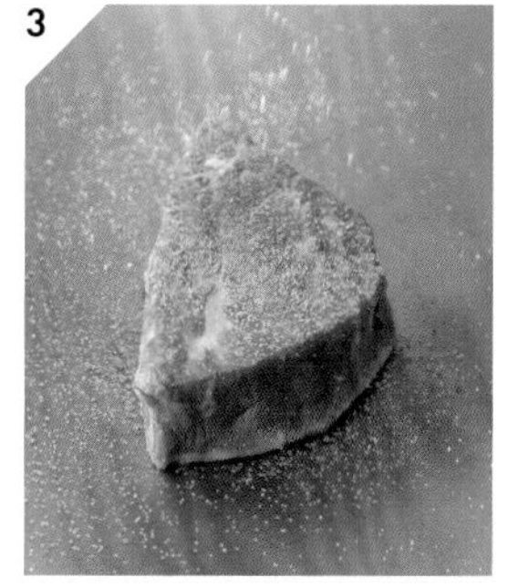

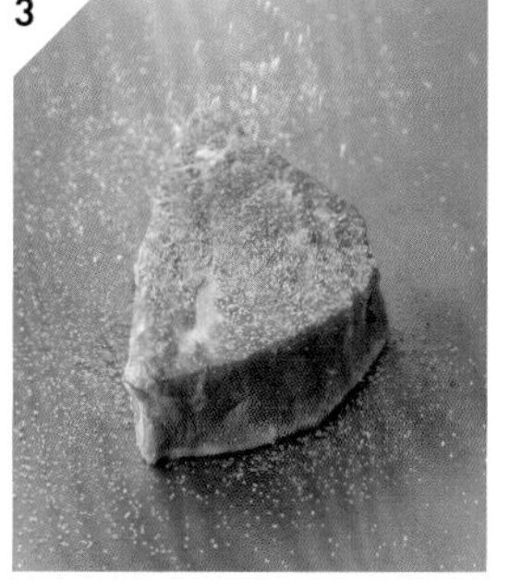

소금과 후추를 뿌린 면이 아래로 가게 고기를 올리고, 다시 소금, 후추를 뿌린다.

POINT

고기를 굽는 기본적인 순서는 설로인과 다르지 않지만, 좀 더 섬세하게 굽는다. 표면을 완전히 익히지 않고 살짝만 구워서 단단하게 만든 뒤, 여러 번 위아래를 뒤집으면서 조금씩 열을 전달한다.

4

고기를 옆으로 조금 밀어놓고 주위의 소금, 후추를 주걱으로 모아서 버린다.

5

위아래를 자주 뒤집으면서 굽고, 철판 가장자리로 옮겨서 잠시 휴지시킨다.

6

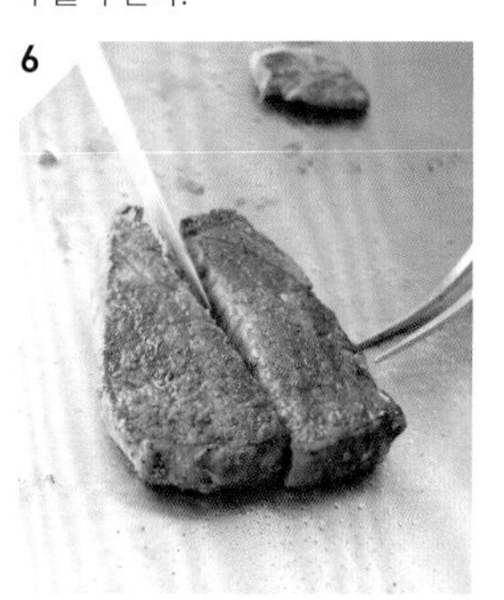

2등분한다.

POINT

6의 고기 중 왼쪽 조각은 맛이 부드럽고, 오른쪽 조각은 갈비 쪽이어서 맛이 진하다. 각각 균형을 잘 맞춰서 접시에 담는다.

7

자른면을 살짝 굽는다. 더이상 휴지시킬 필요는 없다.

8

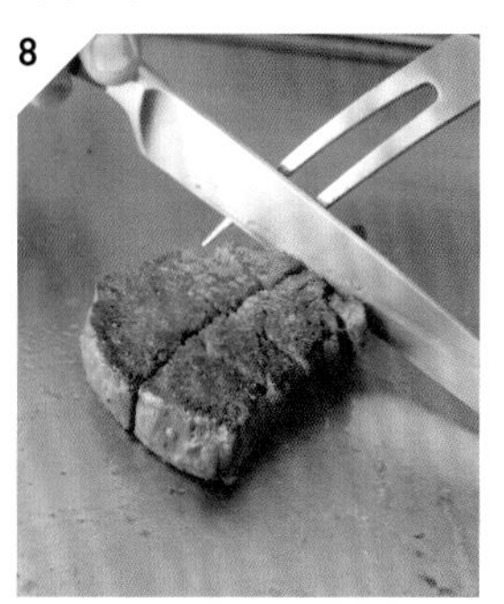

한입크기로 자른다.

02 보리새우

살아있는 채로 굽는다

철판에 구워서 보기에도 좋고 포만감도 느낄 수 있으려면, 1마리가 50g 이상 되는 새우를 사용해야 한다. 이 정도 크기의 보리새우는 암컷이 대부분이어서 배쪽에 교미전(交尾栓)이 붙어 있는 경우가 많다. 딱딱해서 씹기 힘들기 때문에 밑손질할 때 손으로 제거한다.

살아있는 채로 요리하면 새우가 튀어오르는 등 움직일 가능성이 크다. 어두우면 잘 움직이지 않으므로 손님 앞에서는 클로슈를 덮어두고, 적당한 타이밍에 열어서 보여준다. 요리 중에도 새우가 움직여서 손님쪽으로 오일이 튀지 않도록, 처음에는 오일을 사용하지 않는다.

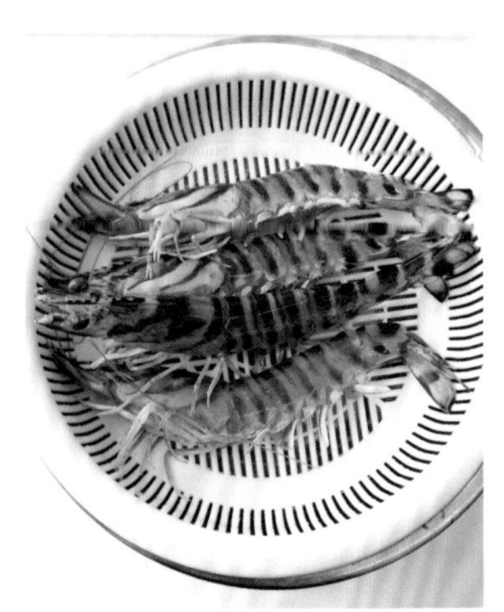

정확한 타이밍과 기술

새우를 굽는 포인트는 살은 지나치게 익히지 않고 부드럽게, 머리와 다리는 노릇노릇 고소하게 굽는 것이다. 타이밍을 정확히 맞추고, 손을 대지 않고 칼과 포크로 껍질을 벗기는 기술을 갖춰야 한다. 난이도가 높은 기술이기 때문에 연습이 필요하다.

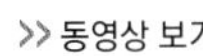
>> 동영상 보기

새우 부위별 이름

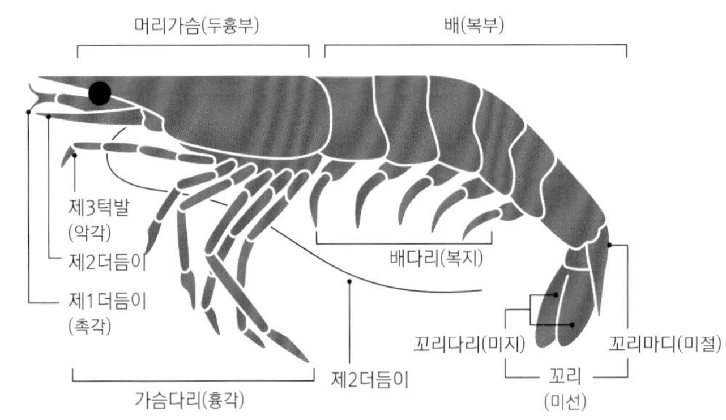

1

새우의 긴 수염(제2더듬이)을 적당한 길이로 자른다.

2

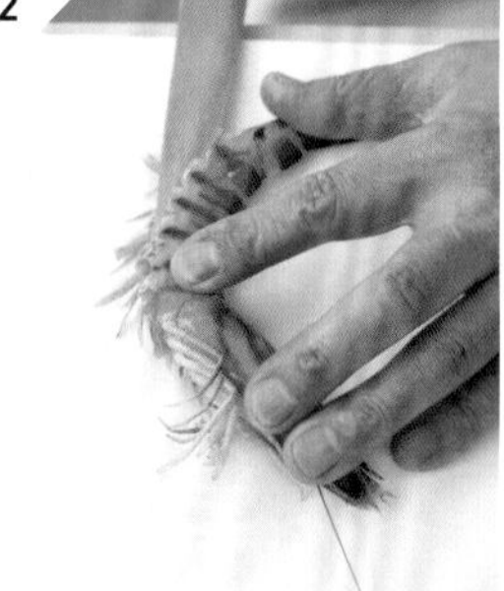

껍질 안쪽으로 칼끝을 넣고 머리에서 꼬리 방향으로 움직여 껍질과 살이 붙어 있는 부분을 자른다.

3

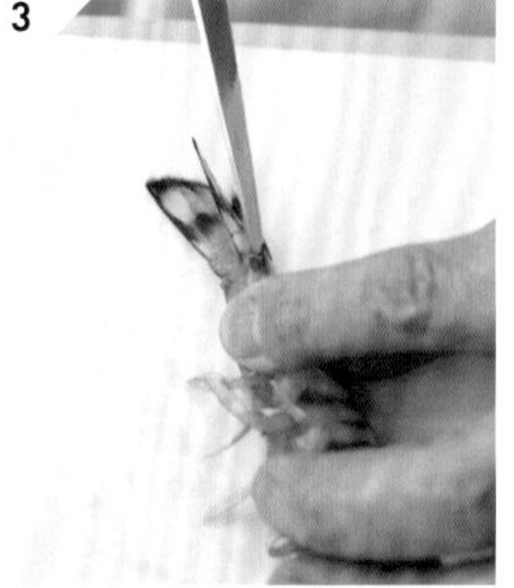

칼끝을 세워서 꼬리가 붙어 있는 부분에 칼집을 넣는다.

POINT

긴 제2더듬이는 손님 앞에서 프레젠테이션하기 전에 자른다. 접시를 벗어나 주변의 물건에 닿으면 비위생적이기 때문이다.

4

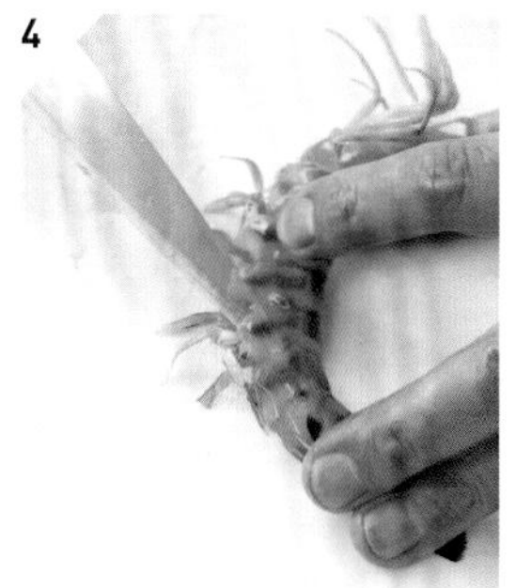

반대쪽도 같은 방법으로 껍질과 살이 붙어 있는 부분을 자른다.

5

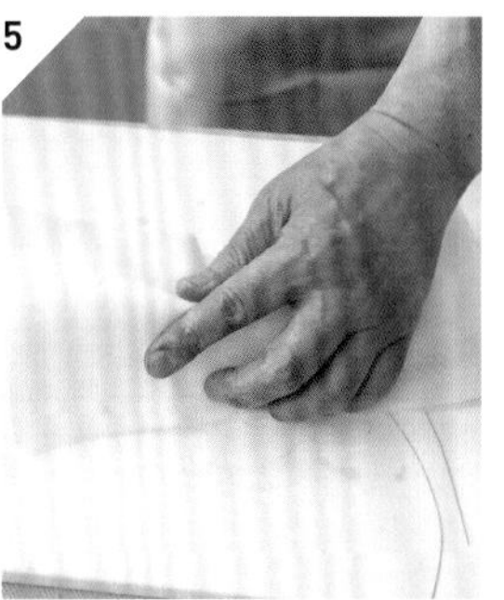

키친타월을 덮고 눌러서 물기를 제거한다. 밑준비 끝.

6

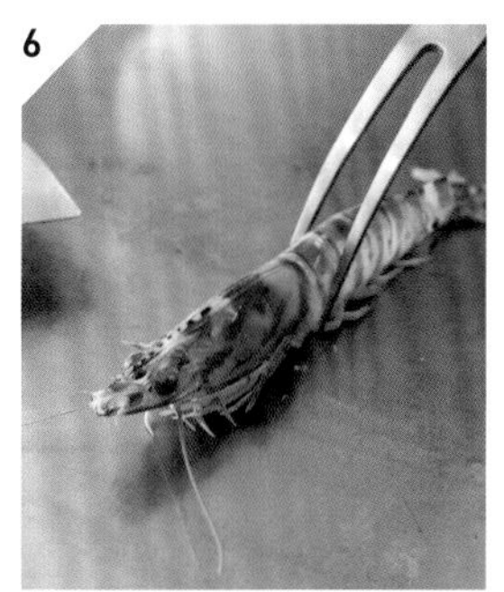

새우를 철판에 올린다. 움직이지 않도록 포크로 누른다.

POINT

살아있는 새우를 철판으로 옮길 때는, 먼저 포크 사이에 끼운 뒤 주걱으로 들어올린다. 새우가 움직여서 손님에게 오일이 튈 수 있으므로, 오일을 두르지 않는다. 철판에 올리고 바로 포크로 몸통을 누른다.

7

제1 더듬이를 주걱으로 눌러서 구운 색이 나도록 굽는다.

8

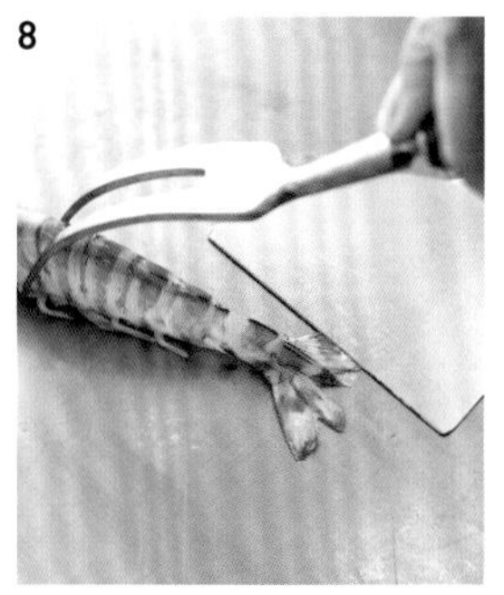

꼬리를 벌리고 주걱으로 철판에 대고 눌러서, 구운 색을 낸다.

9

몸통 전체에 살짝 힘을 가해 똑바로 편다.

POINT

더듬이와 꼬리도 하나하나 철판에 대고 눌러준다.

POINT

몸이 휘지 않도록 배를 철판에 밀착시킨다.

10

철판에 오일을 조금 두르고, 주걱으로 떠서 새우 위에 뿌린다.

11

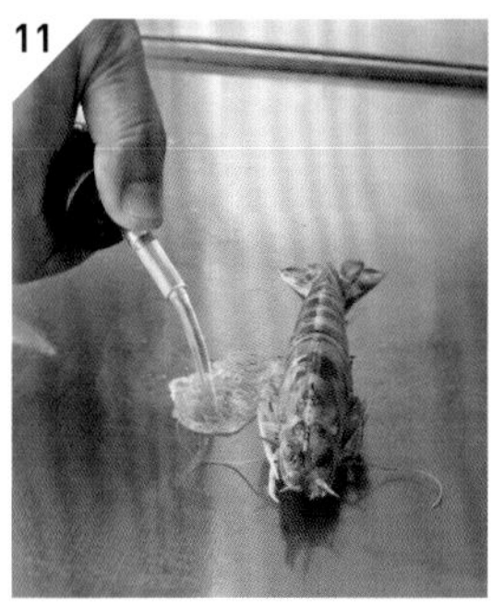

새우 옆에 물을 조금 붓고 클로슈를 덮는다.

12

물이 증발하는 소리가 잦아들면 클로슈를 연다.

POINT

구우면서 오일을 조금 뿌리면 껍질의 고소한 향이 강해진다.

13

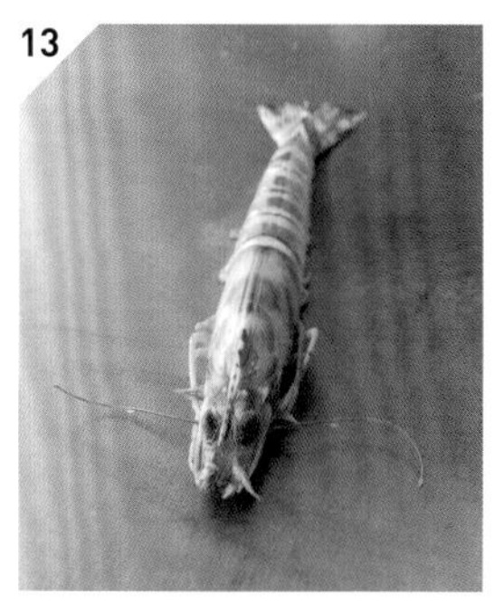

클로슈를 연 상태.

14

저온 위치에, 머리가 요리하는 사람쪽으로 오게 놓는다.

15

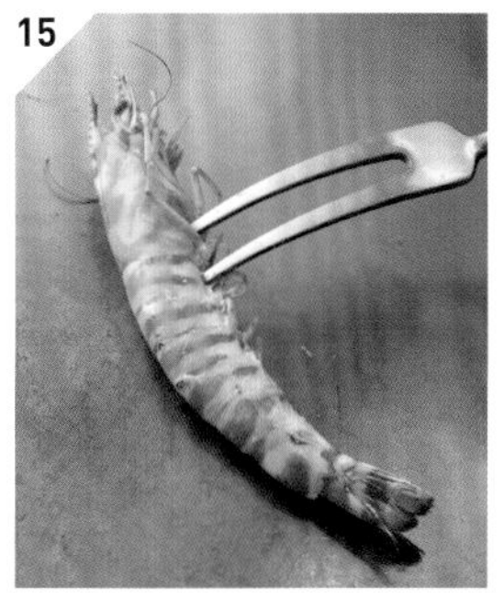

옆으로 눕히고 포크로 앞다리 안쪽을 찔러 움직이지 않게 누르면서

POINT

몸통이 휘지 않고 곧게 뻗을 때까지 배를 굽는다. 그런 다음 1분~1분 30초 정도 찌듯이 구우면, **13**에서는 속이 아직 덜 익은 상태이다. 나머지 작업 과정에서 남은 열로 알맞게 익힌다.

16

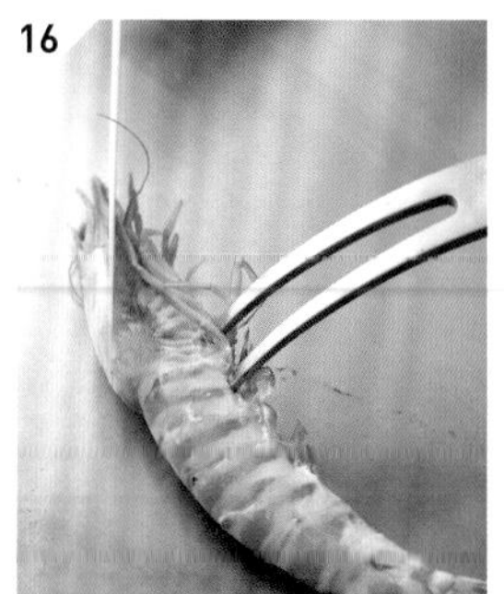

머리 바깥쪽 껍질 안에 칼끝을 넣고 껍질을 벗긴다.

17

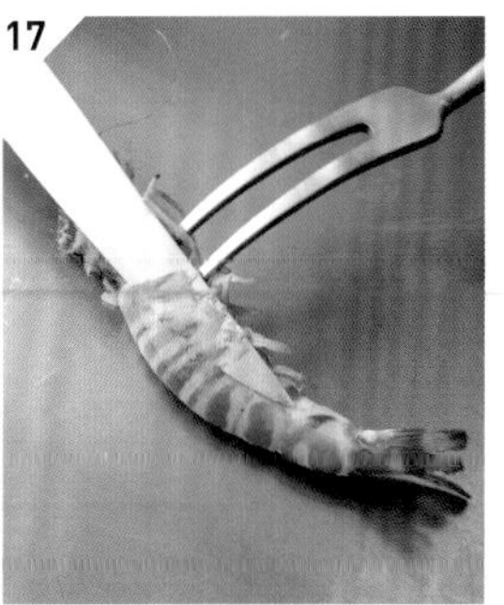

머리쪽에서 껍질과 뱃살 사이에 칼을 넣고

18

꼬리 근처까지 다다르면 배가 위로 오게 놓고 껍질을 당겨서 벗긴다.

POINT

먼저 머리쪽의 단단한 껍질(두흉갑)을 벗긴다. 안쪽으로도 일부 연결되어 있기 때문에, 포크로 누르면서 칼로 벗겨낸다. 벗긴 껍질은 버린다.

19

방향을 바꿔 다리를 바깥쪽으로 분리하면서

20

머리를 배에서 잘라내고

21

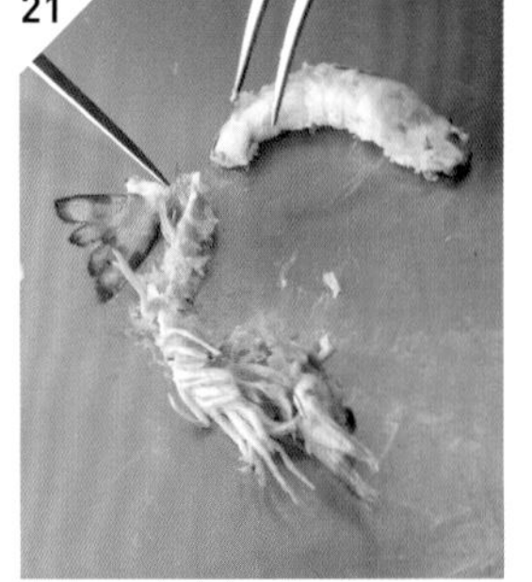

그대로 가슴다리와 배다리 전체를 분리하면서, 꼬리도 잘라낸다.

POINT

분리한 머리~꼬리는 좀 더 구워서 제공할 것이므로 따로 보관한다.

22

분리한 부분. 철판 가장자리로 옮겨둔다.

23

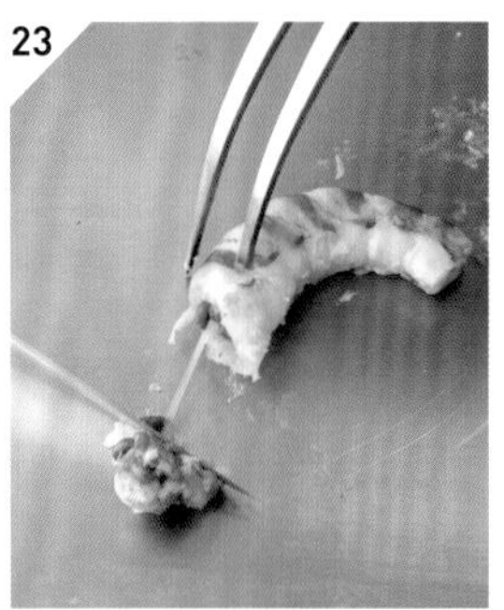

몸통을 뒤집어 반대쪽을 철판에 대고, 머리쪽 내장을 분리한다.

24

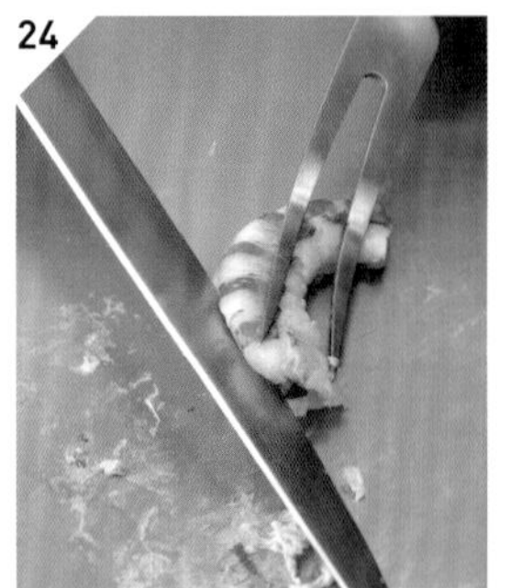

등에 칼집을 넣고

POINT

새우를 계속 같은 방향으로 놓고 작업하면, 한쪽 면만 계속 익어서 단단해진다. 고르게 익도록 방향을 1번 바꾼다.

25

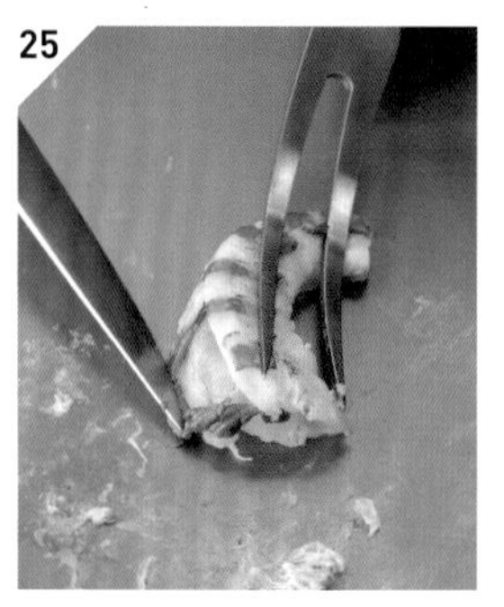

등쪽 내장을 제거한다. 난소가 있으면 머리쪽 내장과 함께 따로 떼어둔다.

26

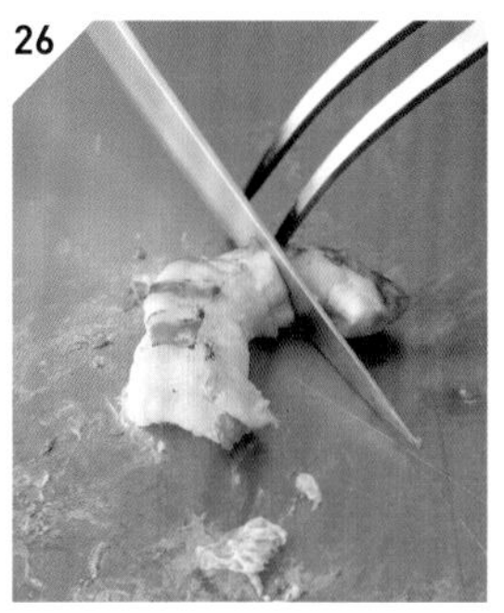

살을 먹기 좋은 크기로 자른다.

27

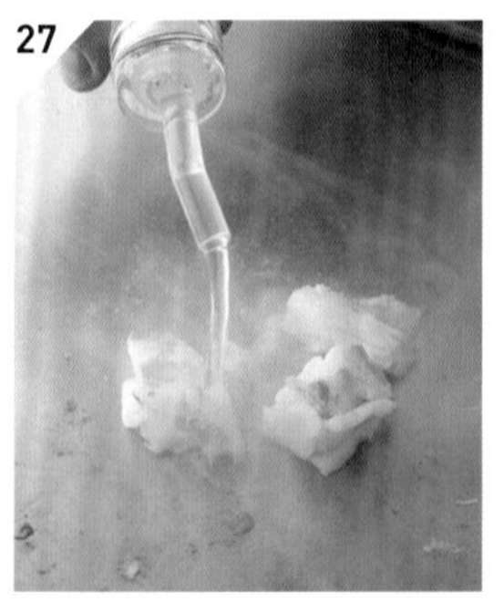

화이트와인을 조금 뿌려서 향을 돋운 뒤 접시에 담는다.

POINT

머리쪽 내장은 일단 철판 가장자리에 둔다.

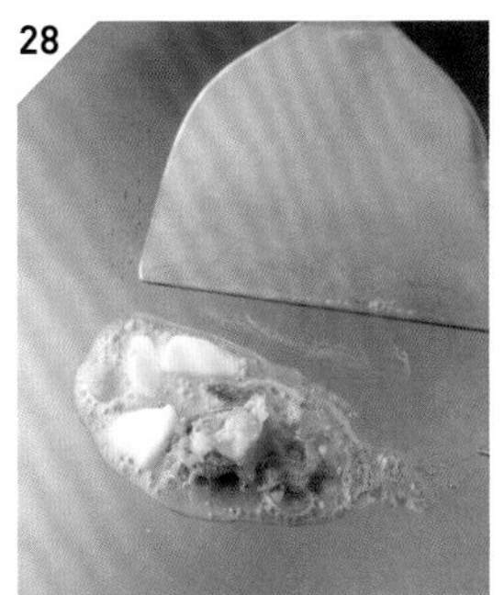

28 철판의 중온 위치에 버터를 녹이고, 머리쪽 내장과 난소를 섞는다.

29 고소한 향이 나기 시작하면 소금, 후추, 레몬즙을 뿌리고

30 새우살 위에 끼얹어서 제공한다.

POINT

내장과 난소를 섞어서 만든 소스를 뿌려서 제공한다. 손님이 새우를 먹는 동안, 다리와 껍질을 각각 고소하게 굽는다.

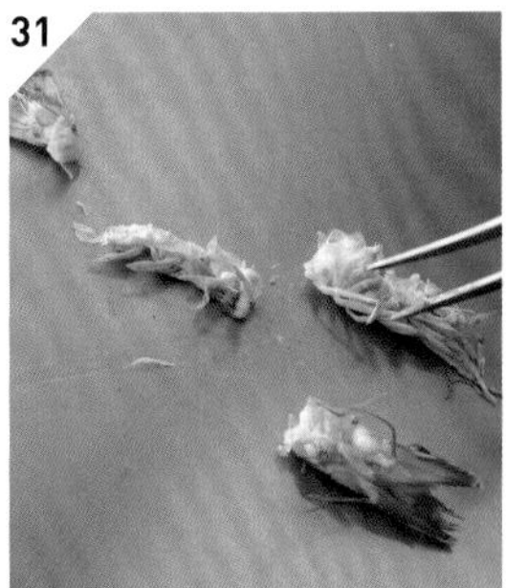

31 **22**에서 분리한 부분을 머리, 가슴다리, 배다리, 꼬리로 나누어

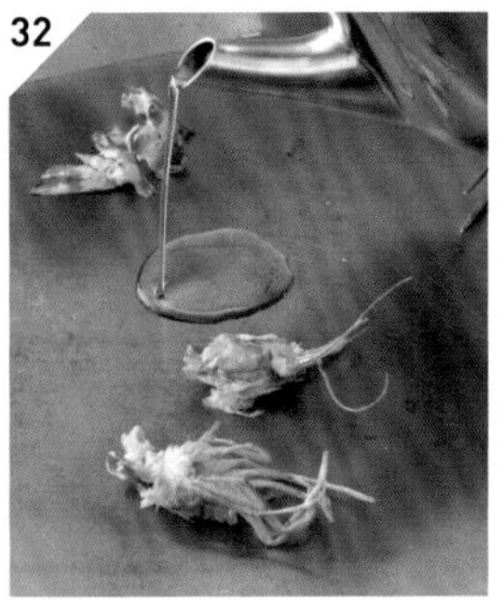

32 철판의 중온 위치에 오일을 두르고 각각 고소하게 굽는다.

33 머리에 있는 단단한 더듬이와 눈은 제거한다.

POINT

부위별로 먹기 힘든 단단한 부분을 제거하고, 주걱으로 적당히 눌러가며 충분히 익힌다. 머리 안쪽에 있는 주둥이는 크기가 크면 제거한다. 남겨둘 경우에는 주둥이가 있는 면이 아래로 가게 놓고 충분히 굽는다.

34 꼬리 끝은 단단하므로 잘라낸다.

POINT

보리새우 철판구이는 손이 많이 간다. 1~2마리 정도면 고온 위치에서 굽지만, 그 이상의 양을 한꺼번에 구우면 시간이 오래 걸리므로, 작업 중에 지나치게 익지 않도록 중온 위치에서 굽는다.

35 배다리와 꼬리는 주걱으로 납작하게 누르면서 바삭하게 굽는다.

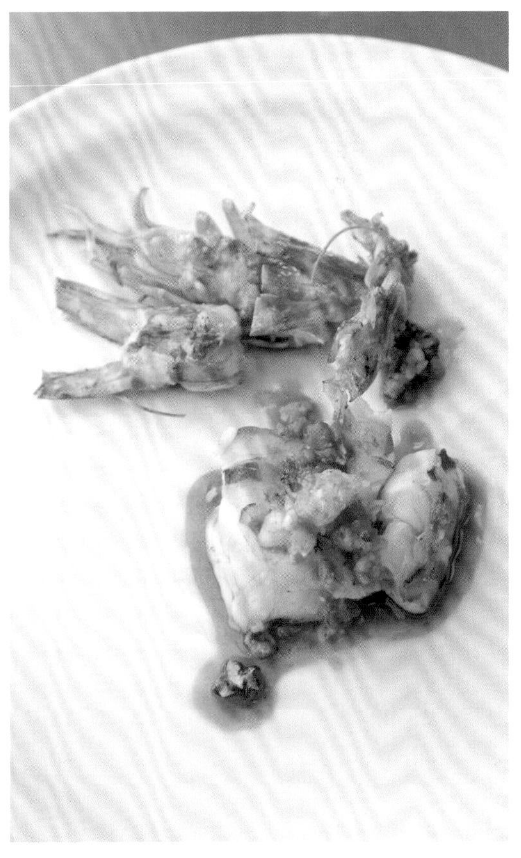

03 전복

「처음 부드러워졌을 때」 제공한다

사진은 일본산 둥근전복. 껍데기를 벗기면 살이 단단해지므로 껍데기째 익힌다.

전복은 가열에 의해 「살이 부드러워진다 → 단단해진다」를 반복하는 성질이 있다. 철판구이의 경우 처음 부드러워졌을 때 제공한다. 살짝 덜 익은 상태가 가장 좋다. 살아있는 전복을 즉석에서 요리하여 가장 맛있을 때 바로 제공하는 것이 철판구이의 매력이자 장점이다.

전복은 개체마다 차이가 매우 커서 익히는 방법, 수축 정도, 부드러워지는 속도가 각각 다르다. 전복을 보고 판단한 뒤, 구우면서 상황에 맞게 대응하려면 경험이 중요하다.

한편, 가격이 적당한 참전복은 수입산도 많다. 작고 부드럽기 때문에 전복살을 잘라 버터를 두르고 굽는 등, 특별한 기술이 필요 없는 간단한 요리에 사용하면 좋다.

1

철판의 고온 위치에 오일을 두르고 전복을 올린다.

2

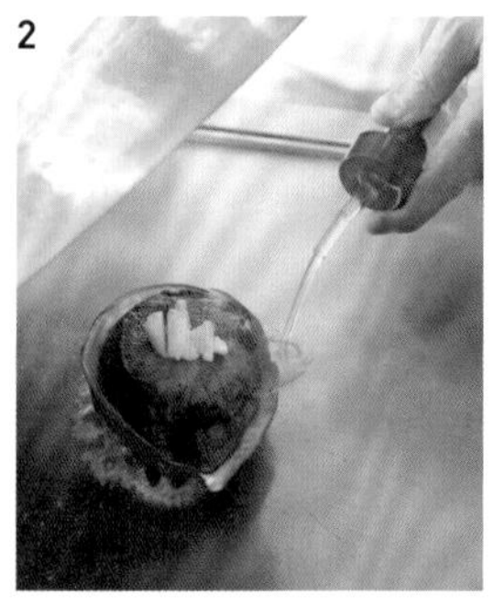

전복살 위에 버터를 올리고 철판에 물을 조금 부어서

3

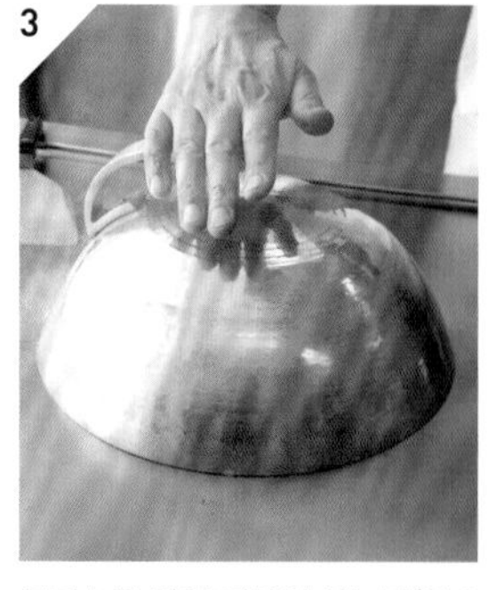

클로슈를 덮어 찌듯이 굽는다(약 2분 30초).

POINT

철판에 오일을 두르는 것은 전복 껍데기를 그대로 올리면, 철판에 염분이 달라붙기 때문이다. 찌듯이 구울 때는 클로슈를 열어서 전복살의 부푼 상태를 보고 익은 정도를 판단한다. 또는 포크로 찔러서 감촉으로 판단한다.

4

입쪽에 포크를 찔러 넣고, 껍데기와 살 사이에 칼을 넣어

5

칼로 관자를 자르고 껍데기와 살을 분리한다.

6

내장을 잘라서 분리한다.

POINT

전복살을 분리하는 방법(오른손잡이): 입쪽에 포크를 찔러 넣어 껍데기를 고정시킨다. 살과 껍데기 사이에 칼을 넣고, 칼끝을 오른쪽으로 비틀어 사이를 벌린 뒤 포크로 살을 떼어낸다. 내장 반대쪽에 칼을 넣어야 한다.

7

중온 위치에서 살의 양면을 살짝 굽고, 세로로 2등분한다.

8

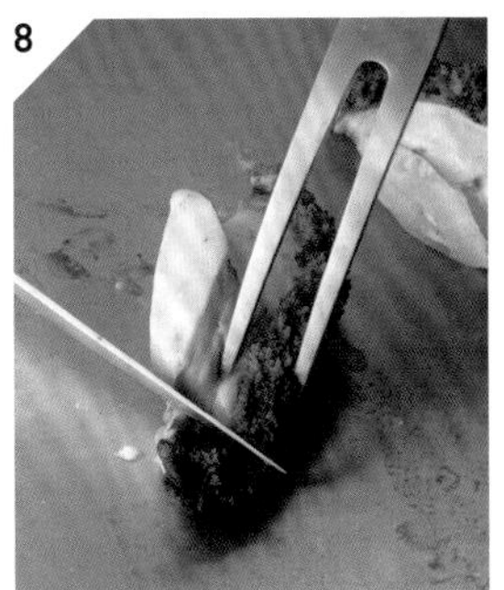

자른면을 살짝 굽는다. 입 위에 칼날을 대고

9

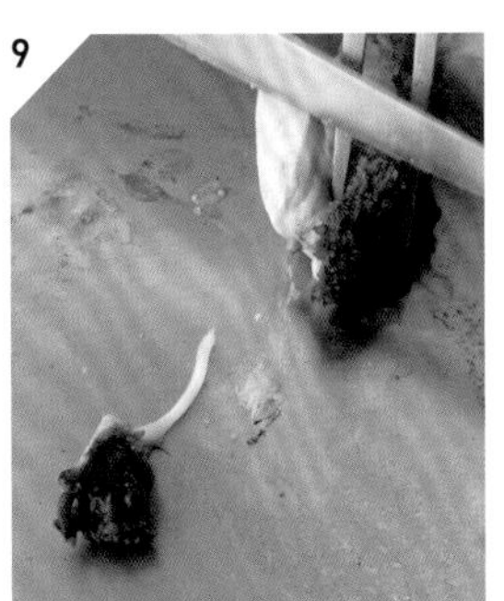

칼로 잡아당기면서 입을 자른다.

POINT

살을 분리한 뒤 껍데기는 안에 있는 국물을 흘리지 않도록 주의해서, 철판 가장자리로 옮긴다.

10

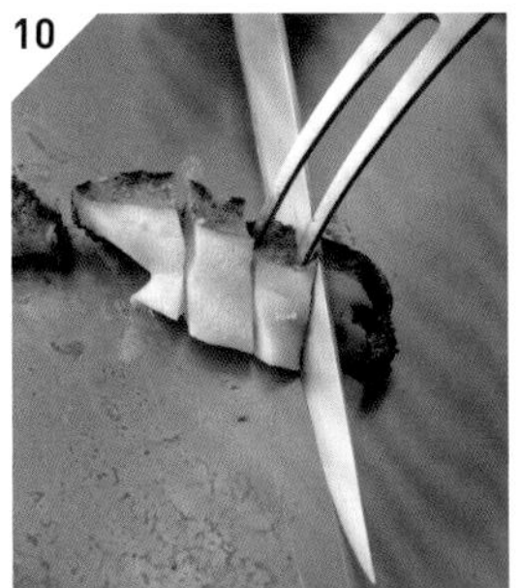

자른면이 손님쪽으로 가게 놓고, 한입크기로 썬다.

11

철판에 눌어붙은 육즙에 화이트와인을 뿌린다.

12

포크와 주걱으로 전복을 떠서 접시에 담는다.

POINT

화이트와인을 뿌리는 것은 맛을 내기 위해서라기보다는, 향을 퍼뜨려서 식욕을 돋우는 퍼포먼스적인 의미가 강하다.

13

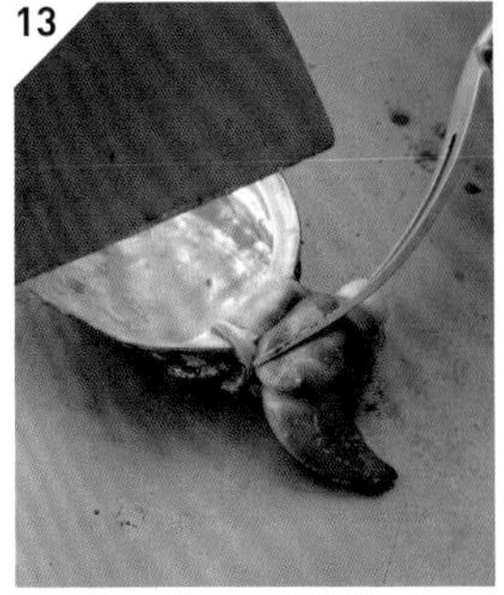

껍데기에서 내장을 떼어낸다.

14

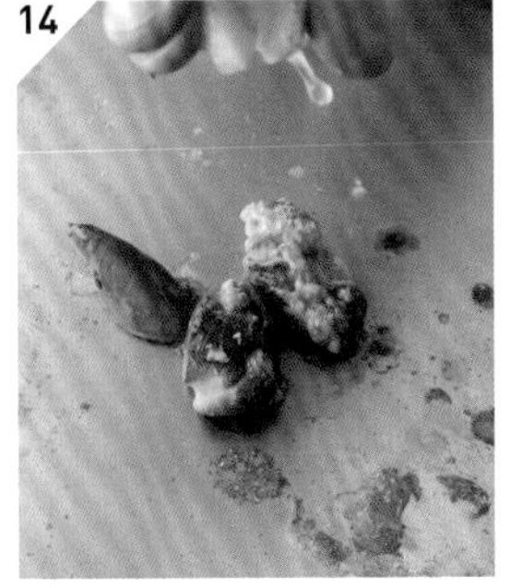

내장을 잘라 간장과 레몬즙을 조금씩 뿌려서 접시에 담는다.

15

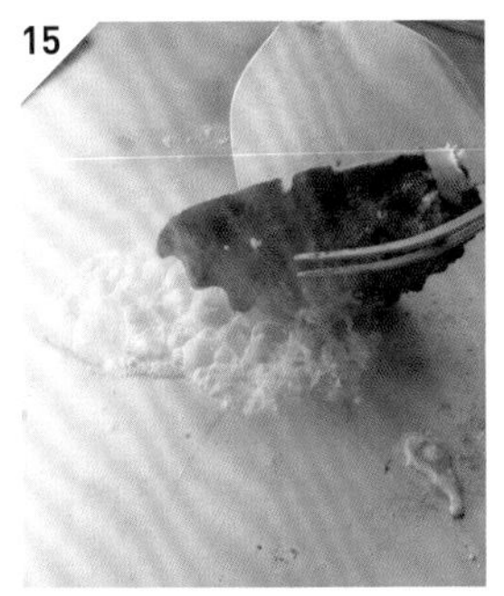

껍데기에 물을 조금 넣고 살짝 헹군 뒤, 철판의 중온 위치에 붓는다.

POINT

껍데기에 남아 있는 국물에 물을 섞고 맛을 내서 소스로 사용한다. 내장도 함께 넣고 소스를 만드는 방법도 있지만, 신선한 내장은 그대로 제공한다.

16

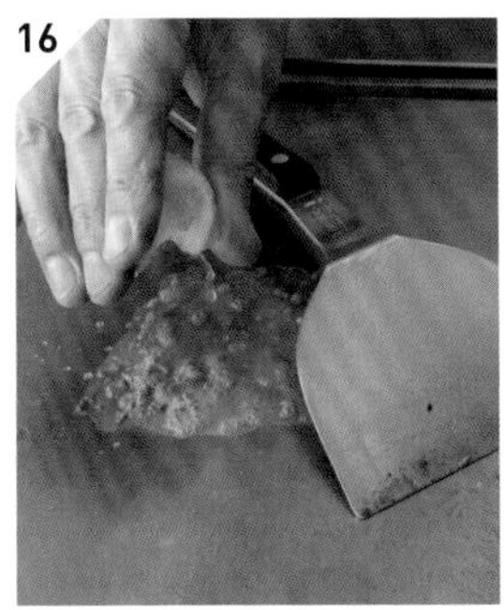

화이트와인, 레몬즙, 간장, 버터 등으로 맛을 낸 뒤 전복에 끼얹는다.

04 푸아그라

지방의 맛을 살린다

푸아그라는 무게의 절반 이상이 지방이다. 그래서 지방 자체의 향과 감칠맛, 부드러움을 전달하기 위해, 유명한 프렌치요리 「푸아그라 소테」를 만들 때처럼 두께 1㎝ 정도로 슬라이스(1장 50~60g)한 뒤, 표면은 노릇노릇하고 속은 부드럽게 굽는다. 한쪽 면에 구운 색을 내서 뒤집고 반대쪽도 노릇하게 구운 색이 났을 때, 속도 알맞게 익은 상태가 되는 것이 좋다. 실내온도나 자르는 두께에 따라 차이가 있지만, 냉장고에서 꺼내 바로 굽기 시작하면 중심온도가 올라가는 데 시간이 걸리기 때문에, 굽기 전에 랩으로 싸서 잠시 상온에 둔다.

푸아그라의 품질은 천차만별이어서 굽는 동안 지방이 계속 빠져나와 크기가 작아지는 경우도 있다. 질 좋은 푸아그라를 고르는 것이 가장 중요한 포인트이다.

1

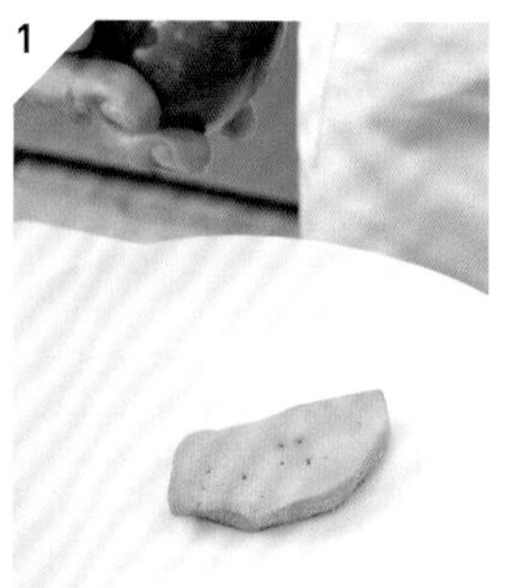

푸아그라 윗면에 소금을 뿌린다.

2

후추를 뿌린다.

3

솔로 강력분을 살짝 묻힌다.

POINT

푸아그라에 밀가루를 묻히는 것은 표면에 바삭한 식감을 내기 위해서다. 밀가루를 묻히지 않고 자연스럽게 구운 맛을 살리는 경우도 있다. 한쪽 면만 묻히거나 묻히지 않는 등 취향에 따라 선택할 수 있다.

4

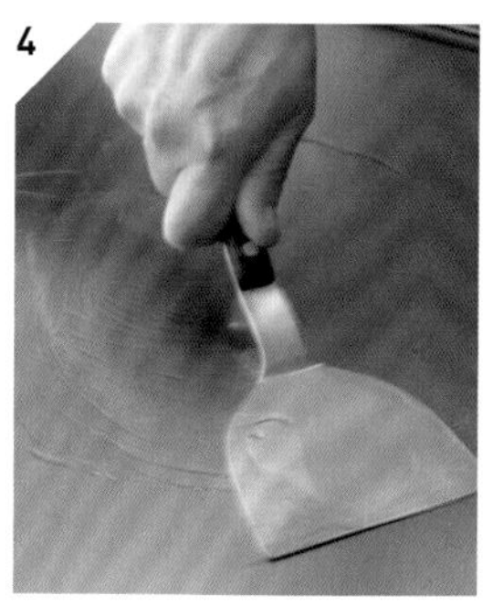

200℃ 철판에 오일을 조금 두르고 주걱으로 얇게 편다.

5

오일 위에 푸아그라를 올린 뒤 움직이지 않고 그대로 굽는다.

6

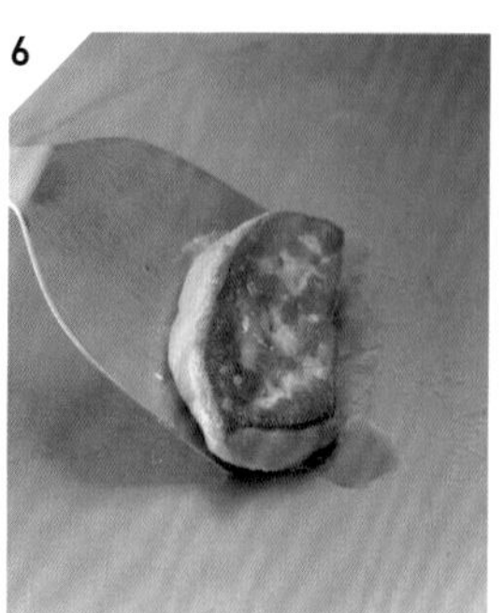

깔끔하게 구운 색이 나면 푸아그라를 뒤집는다.

POINT

뒤집을 때는 포크로 푸아그라를 세우고 구운 면이 위로 가도록 주걱 위에 받아서 철판에 놓는다. 푸아그라가 갈라지지 않도록 주의해서 뒤집는다.

7

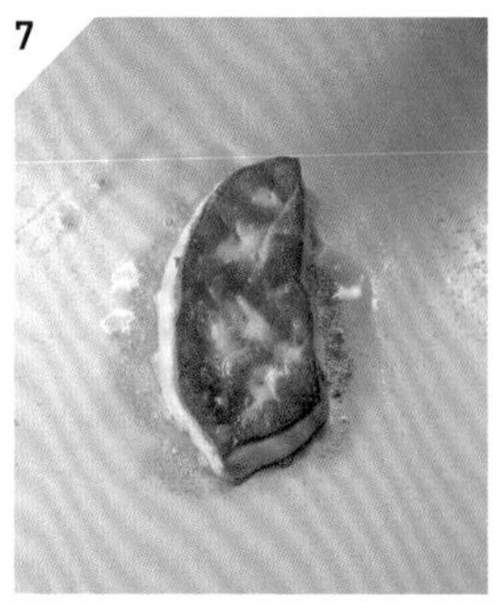

반대쪽도 굽는다. 푸아그라에서 기름이 나오기 시작한다.

8

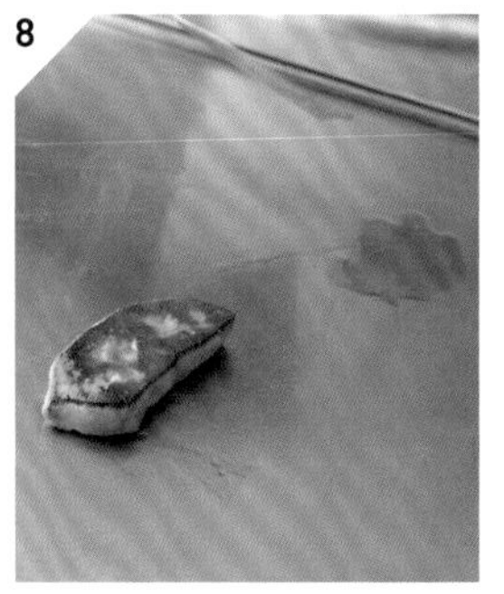

푸아그라를 기름이 없는쪽으로 옮기고, 기름을 모아서 버린다.

9

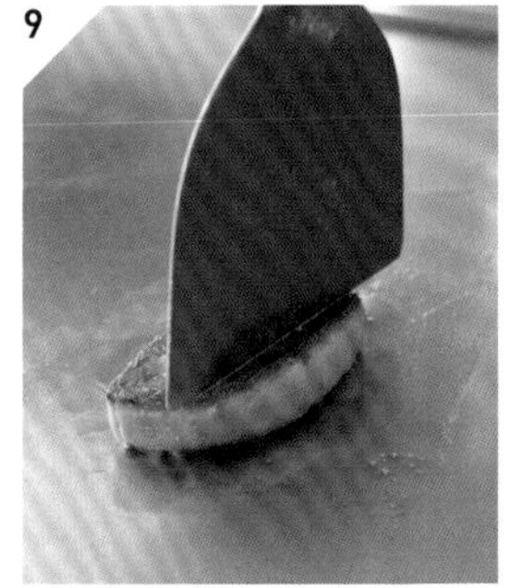

탄력으로 익은 정도를 체크한다.

POINT

푸아그라에서 빠져나온 기름을 그대로 두면 산화하고, 보기에도 안 좋으므로 적당히 제거한다.

10

※ 속이 덜 익었으면 저온 위치로 옮겨서 잠시 그대로 둔다.

11

자른다.

POINT

1번 뒤집어서 양면에 노릇노릇하게 구운 색이 나고 속까지 잘 익은 상태가 되는 것이 좋다. 만약 구운 색은 완벽하지만 속이 덜 익었다면, 철판의 저온 위치로 옮겨서 좀 더 익힌다.

05 채소

여러 가지 채소를 자연스럽게 이어서 굽는다

철판구이에서 채소는 계절을 표현하기 좋은 재료이다. 특히 최근에는 구운 채소가 인기가 많다. 채소는 한 종류만 굽기도 하지만 여러 종류를 함께 굽는 경우가 많다. 각각 기본적인 밑준비(손질과 기본적인 자르기 등)는 주방에서 끝내고, 잘 익히기 위한 섬세한 칼집 등은 철판 위에서 넣는다.

여러 가지 채소를 구울 때는 잘 익지 않는 것부터 순서대로 굽는다. 의외로 중요한 점은 철판 위에 채소를 어떻게 놓는가이다. 알맞은 온도대에 보기 좋게 올려야 되고, 뒤집고 심을 제거하는 등의 작업을 하기 편한 「방향」으로 놓는 것이 중요하다. 또한 굽는 동안 버터나 오일이 더러워지면 그때그때 주걱으로 모아서 버린다. 그대로 두면 산화한 냄새가 채소에 밴다.

1

표고버섯, 양파, 고구마를 철판의 중온 위치에 올린다.

2

표고버섯의 기둥을 잘라낸 부분에, 빨리 익도록 칼집을 넣는다.

3

양파에 작은 버터 조각을 올리고 오일을 조금 뿌린다.

POINT

표고에서 감칠맛 나는 즙이 빠져 나오므로, 자르거나 뒤집지 않고 그대로 굽는다.

4

구운 색이 나면 앞에 있는 것부터 주걱으로 뒤집는다.

5

밑동의 껍질을 벗긴 아스파라거스를 철판에 올린다.

6

저온 위치에서 버터를 녹이고, 주걱으로 떠서 끼얹는다.

POINT

양파는 세로로 6~8등분하면 잘 분리되지 않는다. 굽는 사람쪽에서 볼 때 높이가 낮은 부분이 앞으로 오게 올리면 뒤집기 편하다. 뒤집을 때 전체를 주걱 위에 올리면 달라붙어서 잘 떨어지지 않기 때문에, 반드시 2/3 정도만 올려서 앞쪽으로 뒤집는다.

7

가끔씩 굴리면서 고르게 익힌다. 노릇노릇하게 구운 색을 낸다.

8

고구마는 한쪽 면에 구운 색이 나면 주걱으로 뒤집는다.

9

오일이 부족하면 철판에 버터를 조금 올린다.

10

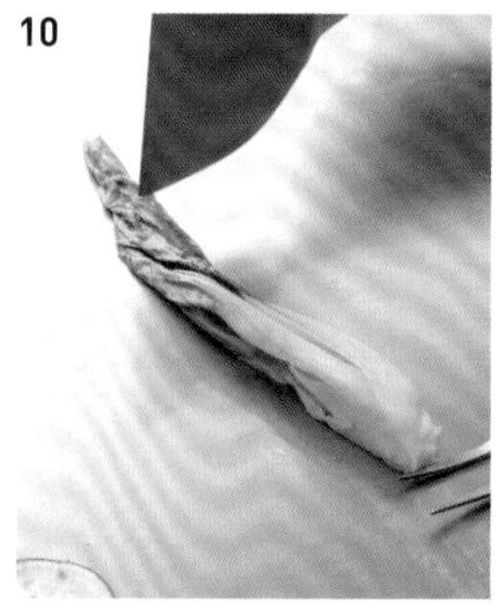

세로로 4등분해서 살짝 데친 청경채를 철판에 올린다.

11

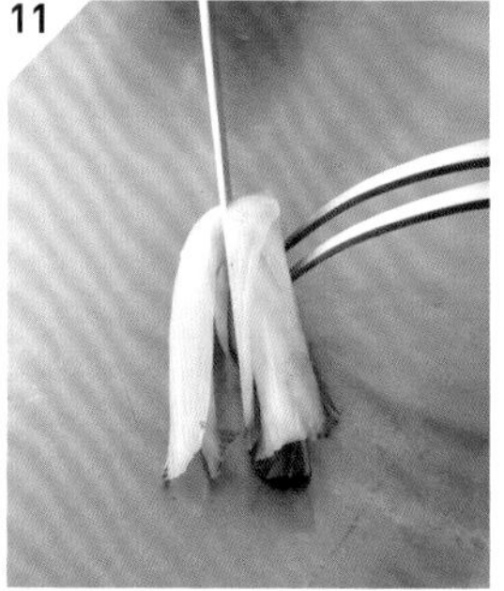

잎 끝부분을 잘라내고 밑동쪽을 길게 반으로 자른다.

12

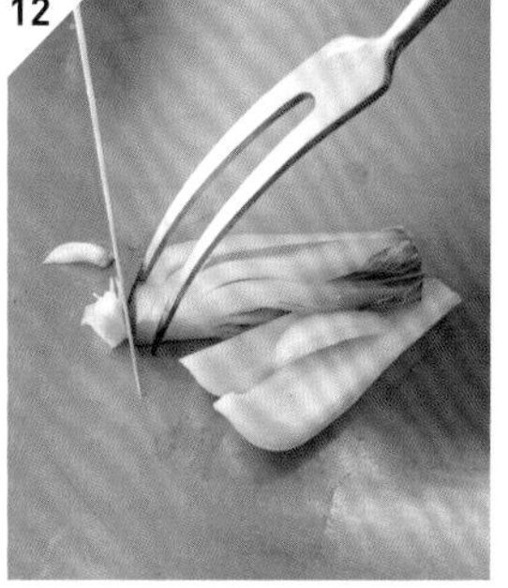

심을 잘라서 제거한다.

13

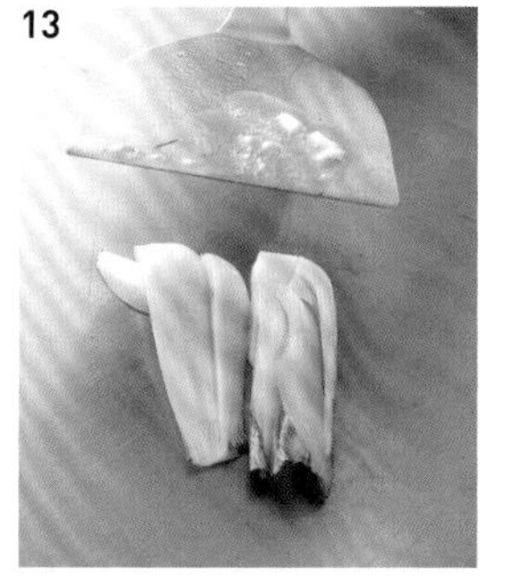

저온 위치에서 버터를 녹여 청경채에 뿌린다.

POINT

청경채, 백경채 등의 녹색채소는 날것 그대로 구우면 말라서 퍼석해지므로, 살짝 데쳐서 굽는다. 청경채 밑동쪽의 두툼한 부분은 짧게 자른다.

14

보기 좋게 구운 색이 나면 한입크기로 자른다.

15

거의 동시에 완성한다. 녹색채소 위주로 소금을 뿌린다. 후추도 살짝 뿌린다.

16

고구마를 한입크기로 자른다.

17

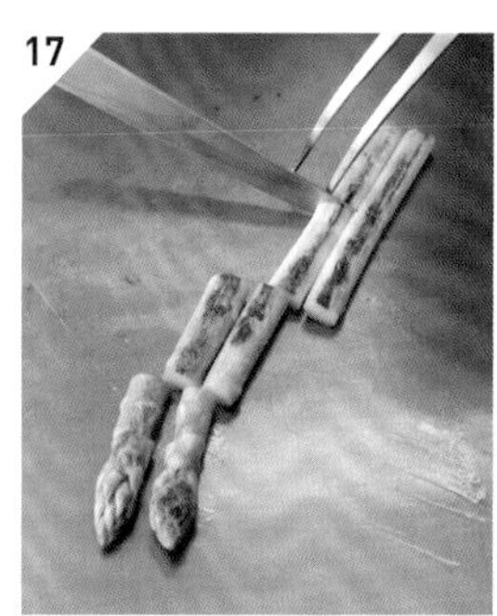

아스파라거스를 자른다.

18

양파는 심을 잘라낸다.

19

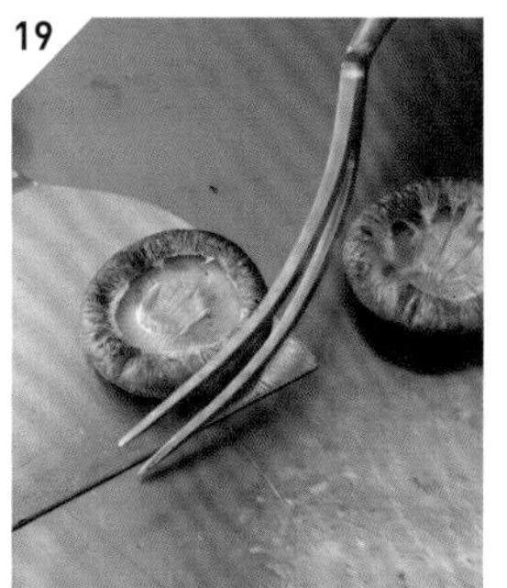

주걱과 포크를 이용해 접시에 담는다.

06 갈릭 라이스

마늘을 바삭하고 고소하게 굽는다

다진 마늘을 오일에 볶아 향을 살리면서 구운 색을 낸 뒤 밥과 함께 볶는다. 마늘을 갑자기 고온으로 볶으면 향이 나기 전에 타버리기 때문에, 상온의 기름으로 중온 위치에서 볶기 시작하고, 「고온쪽으로 넓게 편다 → 다시 원래대로 모은다」를 반복해서 열을 전달한다.
식사의 마무리 메뉴이므로 가능하면 기름지지 않게 완성하는 것이 중요하다. 볶은 마늘은 기름을 빼고, 자투리 소고기를 사용할 때도 충분히 구워 여분의 기름을 뺀다. 흰밥과 섞을 때는 먼저 재료를 흰밥 위에 올리고 클로슈를 덮어두면, 밥에 적당히 기름기가 돌아서 기름을 새로 보충하지 않아도 깔끔하게 볶을 수 있다.

>> 동영상 보기

1

자투리 소고기를 주걱으로 눌러 여분의 기름을 빼면서 굽는다. 철판 가장자리로 옮긴다.

2

철판의 중온 위치에 오일을 두르고 다진 마늘을 올린다.

3

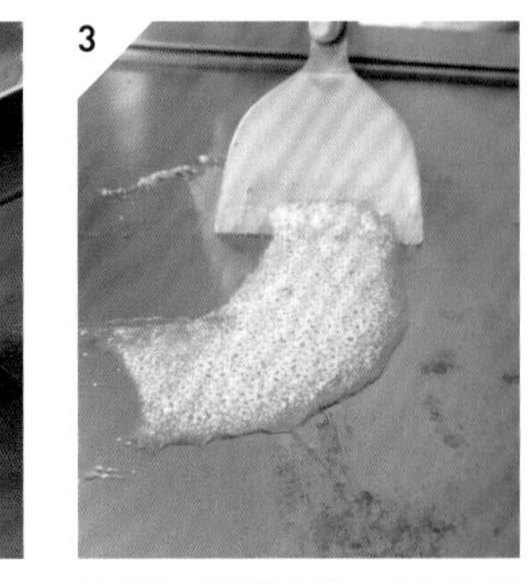

주걱을 사용해서 온도가 높은 쪽으로 「펼치기 → 모으기」를 반복해 가열한다.

POINT

마늘만 사용하는 방법도 있는데, 여기서는 소고기 지방(감칠맛), 양파(단맛), 청소엽(산뜻한 향)을 함께 사용한다. 소고기 지방은 설로인의 갈빗대에 붙어 있는 자투리고기를 이용한다. 철판 위에서 잘게 썰어 고온에서 굽기 시작한다.

4

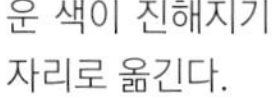

조금씩 노릇해지고 향도 난다. 구운 색이 진해지기 전에 철판 가장자리로 옮긴다.

5

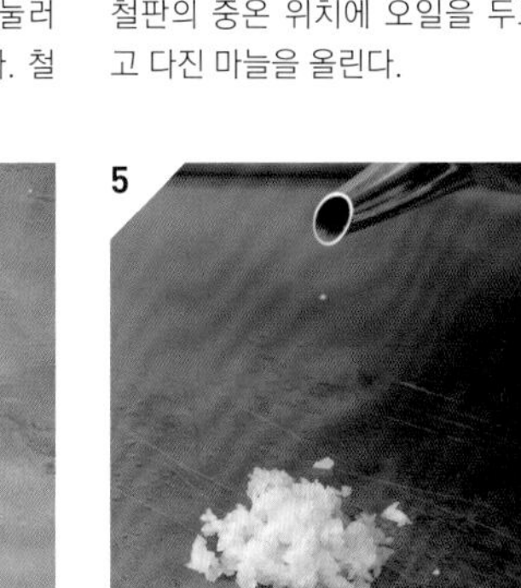

양파를 철판에 올리고 오일을 두른 뒤 주걱으로 모아서 볶는다.

6

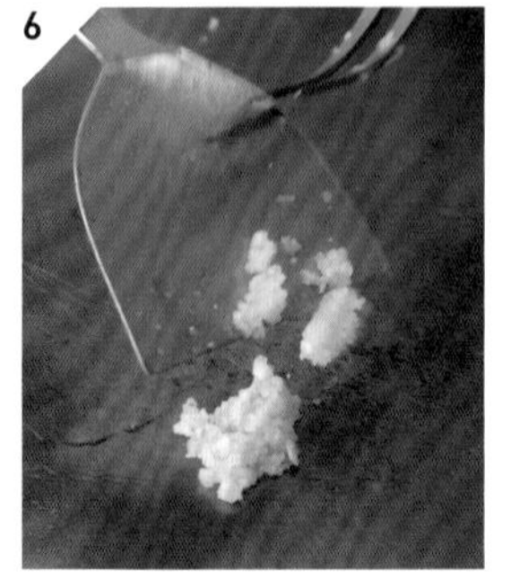

「주걱으로 뜨기 → 내려놓기」를 반복해 살짝 구운 색을 낸 뒤, 철판 가장자리로 옮긴다.

POINT

버터향을 내고 싶으면 마늘을 볶을 때 오일과 버터를 1/2씩 사용한다. 소고기를 사용할 때는 느끼하지 않게 살코기의 자투리를 사용하는 것이 좋다.

7 흰밥을 철판의 중온 위치에 올리고, 주걱 모서리로 두드려서 편다.

8 마늘을 주걱에 올려 포크를 대고 기름을 뺀 다음

9 흰밥 위에 올린다.

POINT

접시에 담은 흰밥을 철판으로 옮길 때 접시에서 그대로 미끄러뜨리면, 수분이 고인 아랫부분의 밥이 철판에 달라붙기 쉽다. 공기와 닿아서 살짝 마른 표면이 아래로 가도록, 접시를 뒤집어서 옮긴다.

10 볶은 고기와 양파를 얹는다.

11 클로슈를 덮고 1~2분 정도 찌듯이 익힌다.

12 고온 위치로 옮기고 전체를 풀어주면서 볶아, 재료가 골고루 잘 섞이게 한다.

POINT

주위에 여분의 오일이 남아 있으면 주걱으로 확실히 제거한 뒤 볶는다.

13 소금, 후추를 뿌리고 간장(맛술과 청주를 적당히 섞은 것)을 넣어서 섞는다.

14 채썬 청소엽을 넣고 섞는다.

15 밥이 눌어붙기 시작하면 완성. 그릇에 담는다.

POINT

간장을 밥 위에 직접 두르고 볶는 방법과, 철판에 둘러서 고소한 향이 나면 밥을 섞는 방법이 있다.

기술의 베이스는 손님 접대

철판 위에서 이루어지는 동작과 배려의 포인트

철판구이와 카운터 스시는 통하는 면이 있다. 두 가지 모두 먹는 사람의 눈앞에서 조리 과정의 시작부터 마무리까지 「보여주는」 일종의 엔터테인먼트이기 때문이다. 조리 기술뿐 아니라 보고 있으면 기분이 좋아지는 동작과, 무엇보다 먹는 사람과 호흡을 맞춰 식사의 흐름을 이끌어가는 배려와 대화가 필수적이다. 모든 것은 손님 접대(호스피탈리티)가 베이스라는 베테랑 셰프의 생각을 들어보았다.

해설_ 고바야카와 야스시

아이치현 출신. 나고야도큐호텔 「레스토랑 루아르 뎃판야키」에서 20년 동안 셰프로 일했다, 현재 산코 골프클럽 「뎃판나나쿠리」의 고문이자, 사단법인 일본철판구이협회 부회장이다.

1. 「청결」 - 바로 닦고, 자연스럽게 닦는다

철판구이 카운터에서 무엇보다 가장 중요한 것은 청결이다. 조리복은 더럽지 않은지, 손톱과 손끝은 깨끗한지 등을 잊지 않고 체크해야 한다. 요즘 보기 힘들어진 조리모자는 음식에 머리카락이 들어가지 않기 위해 꼭 필요하며, 손님의 입장에서도 필수적이다.

철판 위나 주걱 등에 묻은 오염물은 조리하면서 계속 제거해야 한다. 찌꺼기를 버리는 구멍에 오염물이 달라붙으면 나중에 청소하기 힘들기 때문에 항상 깨끗하게 관리한다. 구멍 바로 앞쪽의 가장자리는 셰프에게는 사각지대지만 손님쪽에서는 잘 보인다. 사용한 키친타월을 버리기 전에 항상 가장자리의 더러워진 부분을 닦아내고 버리는 습관을 들이는 것이 좋다. 무엇보다 식사 중에 청소하는 모습을 보면 불편할 수 있으므로 자연스럽게 해야 한다.

클로슈를 사용할 때도 주위에 물이 흘러나오면 닦고, 클로슈를 열었을 때도 안쪽을 살짝 닦아준다.

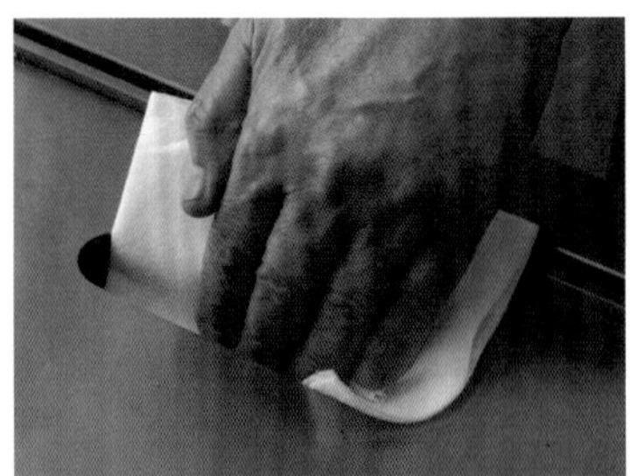

2. 「안심」 - 항상 손님을 배려한다

몇 분 동안 재료를 그대로 두고 굽는 등 특별히 할 일이 없는 시간도 있기 마련인데, 그렇다고 셰프가 우두커니 서 있으면 손님이 불편해지고, 요리를 방치하고 사라져 버리면 불안감을 느낄 수 있다. 이럴 때는 식재료를 살펴보고 포크 끝으로 감촉을 확인하는 등 제대로 요리하고 있다는 것을 전달하는 퍼포먼스가 필요하다. 클로슈를 덮고 재료를 찌는 동안 손님과 대화할 때는, 자연스럽게 손잡이에 손을 올려두면 요리에 신경을 쓰고 있다는 것이 느껴진다.

소금, 후추를 뿌리는 동작은 철판구이에서 빼놓을 수 없는 볼거리이

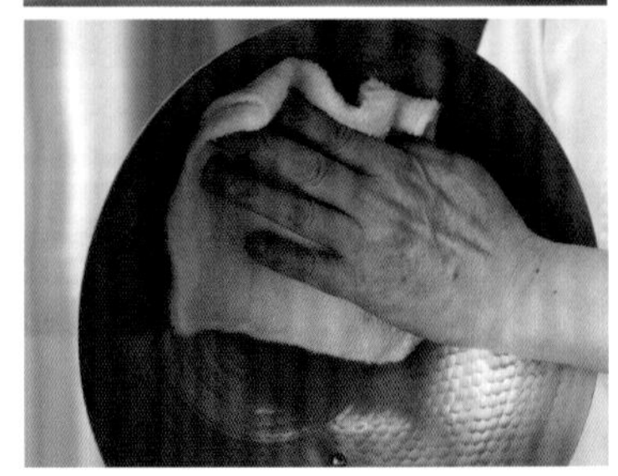

지만, 맛의 균형을 위해 줄여야 할 때도 있다. 특히 채소구이의 경우 모든 채소에 소금과 후추를 충분히 뿌리면 간이 지나치게 세진다. 하지만 그렇다고 아무것도 하지 않으면 보는 사람은 뭔가 부족하게 느낄 수 있다. 그런 경우에는 손님을 배려해서 뿌리는 척만 하는 것도 좋은 방법이다.

식재료를 뒤집을 때는 일단 뒤집어서 주걱에 올린 뒤, 미끄러뜨리듯이 철판 위에 내려놓으면 깔끔하다. 접시에 담을 때도 주걱에 올린 식재료를 포크로 접시에 떨어뜨리는 것이 아니라, 포크는 식재료에 댄 채로 움직이지 말고 주걱을 당겨서 빼는 것이 보기 좋다. 가능하면 금속이 부딪히는 소리가 나지 않도록 주의한다.

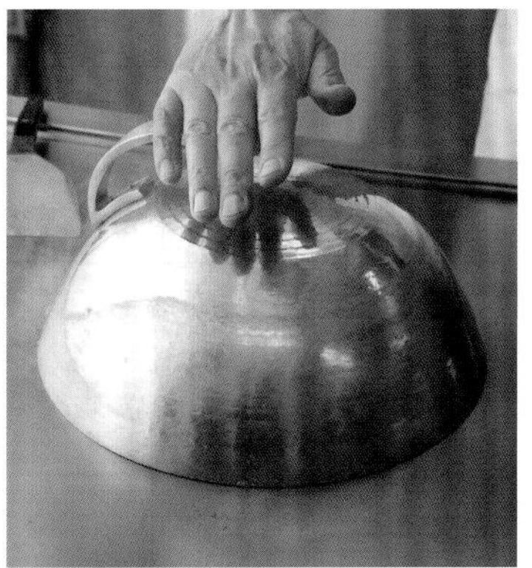

3. 「속도」 – 요리도 기분도 식지 않게 주의한다

카운터 스시에는 기분 좋은 리듬과 속도가 있는데, 철판구이에서도 마찬가지이다. 요리와 요리 사이의 간격이 벌어지는 것은 물론, 지나치게 오랜 시간 굽거나 휴지시키는 것도 철판구이 카운터에 어울리지 않는다. 최대한 짧은 시간 동안 알맞게 구워서, 뜨거울 때 제공해야 끝까지 질리지 않고 먹을 수 있다.

4. 「대화」 – 평소에 수집한 정보와 임기응변으로 대응한다

익히지 않은 식재료를 보여준 뒤 조리하는 철판구이에서는, 식재료에 대한 질문이 유난히 많다. 특히 소고기의 경우 전문적인 지식이 있는 손님이 적지 않다. 평소에 생산자를 방문하거나 식재료에 대해 배우는 등 정보를 모아두어야, 손님에게 만족스러운 답변을 해줄 수 있다. 좀 더 특별하게 먹는 방식이나 전문적인 이야기를 원하는 손님에게는, 예를 들면 전복 입에도 먹을 수 있는 부분이 있다는 설명을 곁들이면서 제공하면 재미를 줄 수 있다. 이러한 이야깃거리를 좋아하지 않는 손님이나 손님들끼리 대화에 열중하는 경우도 있으므로, 매뉴얼을 따르는 것이 아니라 손님 한 사람 한 사람에게 맞춰서 대응한다.

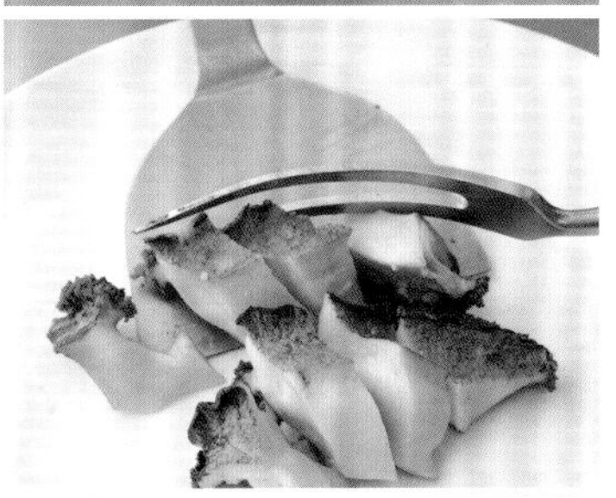

5. 「신뢰」 – 애정이 가득한 미소로 대접한다

「저 셰프가 구워주었으면 좋겠다」라고 지명되는 것은 셰프에게 더할 나위 없이 기쁜 일이다. 재료의 질과 기술, 그리고 신뢰할 수 있는 인품이 단골손님을 늘리는 결정적인 포인트이다. 재료에 대한 애정과 손님에 대한 애정이 있다면 저절로 웃는 얼굴이 되겠지만, 진지하게 요리하다 보면 심각한 얼굴이 되기 쉽다. 셰프 본인의 표정도 항상 의식해야 한다.

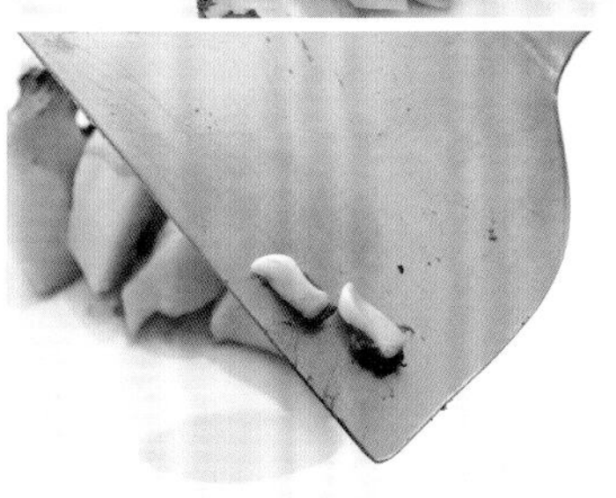

철판구이 기술의 진화

재료의 다양화에 따른 새로운 시각과 가열방법

일본의 철판구이에는 선조들이 쌓아온 굽기 기술이 있다.
메인 테마는 물론 와규이며, 그 기술은 「어떻게 맛있는 마블링 소고기를 만들 것인가」라는 일본 구루게와규 생산자의 노력과 함께 발전해왔다.
다만, 30년 전과 현재는 요구되는 마블링의 성질이 달라졌다. 그것은 소비자들이 좀 더 다양한 맛을 알고, 보다 세련된 맛을 원하며, 미식과 건강을 모두 생각하게 되었기 때문이다. 또한 높은 목표를 가진 생산자가 항상 「와규 최고의 맛」에 대해 고민하며 비육방법을 연구해 「현재 최고의 고기」를 만들었기 때문이다. 와규에 대한 생각은 다양해지고 육질은 섬세해졌으며, 한편으로는 조리 이론에도 깊이가 생겼다. 그렇다면 「굽기」에 대한 시각에도 업데이트가 필요하다.
현대 소비자들의 니즈를 상징하는 5가지 재료인 와규 안심, 와규 살코기, 미국산 앵거스 설로인, 샤모(닭의 품종), 닭새우를 예로 들어, 최고의 맛을 만들어내는 합리적인 기술에 대해 이야기한다.

요리·해설_ 아야베 세이(뎃판야키 긴메이스이 긴자)
효고현 출신. 2004년 히메지에 「뎃판야키 이코이야」를 열었다. 2010년부터 마스 가든 우드 고텐바의 총주방장을 맡았고, 2014년 같은 그룹이 긴자로 진출하면서 「긴메이스이」(www.ginmeisui.jp)의 이사직과 총주방장을 겸하고 있다. 사단법인 일본철판구이협회 인정사범.

01 와규 안심

낮은 온도에서 천천히 정성껏 굽고, 휴지 없이 완성한다

현대의 와규를 판단하는 포인트는 A5 등의 등급이 아니라 사료와 비육일수이며, 그 베이스가 되는 생산농가의 자세이다. 예를 들어 육질의 기준 중 하나인 올레인산은 1가불포화지방산으로, 함유율이 높을수록 지방의 녹는점이 낮아져 입안에서 부드럽게 녹고 풍미가 좋아진다. 한편, 감칠맛은 아미노산에서 유래되는데, 아미노산을 감칠맛으로 느끼려면 당이 중요하다. 마블링뿐 아니라 이러한 맛의 균형과 섬세한 질, 무엇보다 먹는 사람의 건강을 위해 소의 먹이를 연구하고 장기비육으로 와규를 키우는(「생체숙성」이라고 한다) 생산자도 있다.
그렇게 정성을 다해 키운 품질 좋은 고기는 필요 없는 수분이 없고 육질이 매우 섬세하다. 요즘 가장 좋다고 생각하는 굽기 방법은 고기 자체의 수분을 최대한 놓치지 않고 촉촉하고 부드럽게 굽는 방법이다. 특히 육질 자체가 섬세한 안심의 경우에는 부드럽고 매끈한 식감을 살리는 것이 좋은데, 그런 식감이 감칠맛도 증폭시킨다.
철판의 온도는 160~170℃로 낮은 온도에서 굽는다. 고온에서 구우면 세포가 바로 파괴되어 수분이 빠져나간다. 낮은 온도라도 오래 구우면 이런 현상이 일어나므로 그렇게 되기 전에 철판에 닿는 면을 바꾸고, 이 과정을 몇 번씩 반복해 조금씩 열을 내부로 전달한다. 스테이크를 구울 때 나는 지글지글 소리는 식욕을 돋우지만, 이것은 사실 고기의 수분이 빠져나오는 소리이다. 여기서 설명하는 방법은 기존 방법에 비해 매우 조용하다.
과거에는, 고기를 구울 때는 고온에서 양면을 바삭하

고 고소하게 굽다가, 마지막에 철판 가장자리로 옮기고(때로는 클로슈를 덮고) 휴지시켜서, 「육즙을 안정시키면서 속까지 열을 전달하는」 것이 상식이었다. 마블링의 지방에 열을 충분히 전달하는 의미도 있다. 하지만 재료는 변하고 있다. 게다가 이런 식으로 굽는 방법은 프라이팬으로도 가능하다.

철판은 열을 모아두는 축열성이 높기 때문에, 균일한 화력으로 가열하면 재료의 특징을 잘 살려서 구울 수 있다.

철판구이는 아래쪽에서만 가열할 수 있다. 위에서 설명한 방법으로 안심을 구우면 아랫면만 가열되고 옆면과 윗면은 휴지 상태이다. 육즙을 잘 유지한 채로 휴지시키면서 구우면, 구운 뒤에는 휴지시킬 필요가 없다.

마지막에 알맞은 상태로 조절하는 것이 아니라, 최고의 가열 상태, 최고의 식감, 최고의 색깔을 동시에 완성하는 것을 목표로, 말 그대로 갓 구운 것을 제공하는 것이 철판구이의 기술이다. 재료의 잠재력을 심플하게 살려서, 160℃에서도 결과적으로는 마이야르 반응에 의해 깔끔하게 구운 색을 낸다. 현재 최고의 품질을 자랑하는 와규 안심(설로인도 마찬가지)의 맛을 살리기 위해서는, 이 방법이 가장 적합하다.

안심을 굽는 방법

비육월령 34개월의 안심을 -2~0℃에서 2주 동안 숙성시킨다. 철판의 특성을 살려 천천히 굽기 때문에, 고기를 미리 상온에 꺼내둘 필요는 없다. 3㎝ 두께로 자른다.

소리로 판단한다

고기를 고온에서 구우면 표면의 세포가 파괴되어 수분이 밖으로 빠져나가고, 단백질은 점점 굳어서 표면이 수축된다. 육질이 섬세한 와규 안심의 경우에는 그와 반대로, 「가능하면 수분이 빠져나가지 않게 구워서」 촉촉하게 완성해야 한다. 고기를 구우면서 나는 소리는 고기에서 나온 수분과 유분이 반발하는 소리이다. 이 소리가 나면 온도가 지나치게 높은 것이다.

1

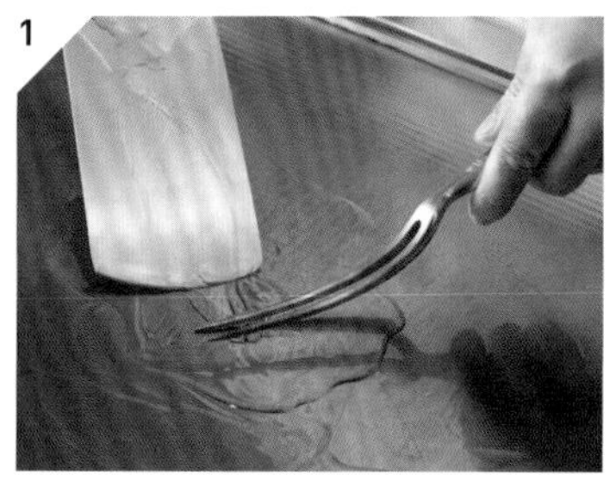

165℃ 철판에 E.V.올리브오일을 두르고 터너로 펴서 고르게 가열한다. 저온이어서 고기가 잘 달라붙기 때문에, 오일을 넉넉하게 두른다.

2

고기를 올린다. 철판에 닿는 면을 보면 알 수 있듯이, 오일이 튀지 않고 지글지글 소리도 나지 않는다. 이 상태로 닿는 면이 단단해질 때까지 가열한다.

3

철판에 닿는 면이 단단해지면(약 50초 뒤) 뒤집는다. 구운 면은 단단하지만 부드럽고 타지 않았다.

4

뜨거운 철판에 고기가 직접 닿는 것을 막기 위해, 처음에는 항상 고기 밑에 반드시 오일이 있어야 한다. 주위의 오일을 터너로 모아서 고기 밑으로 넣어준다.

5

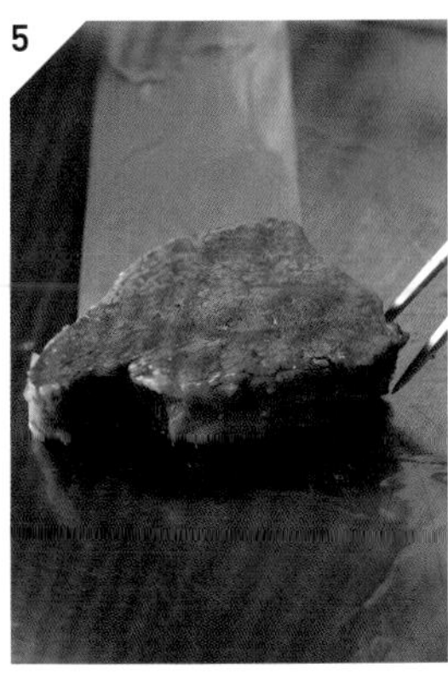

30~40초 뒤에 다시 뒤집는다. 계속해서 여러 번 뒤집어 표면이 수축되지 않게 하고, 위아래에서 열을 고르게 전달해 천천히 속까지 익힌다.

6

4~5번 정도 뒤집으면 고기 표면이 적당히 단단해진다. 1분 정도 간격을 두고 뒤집는다. 사진은 7번째로 뒤집은 상태이다.

7

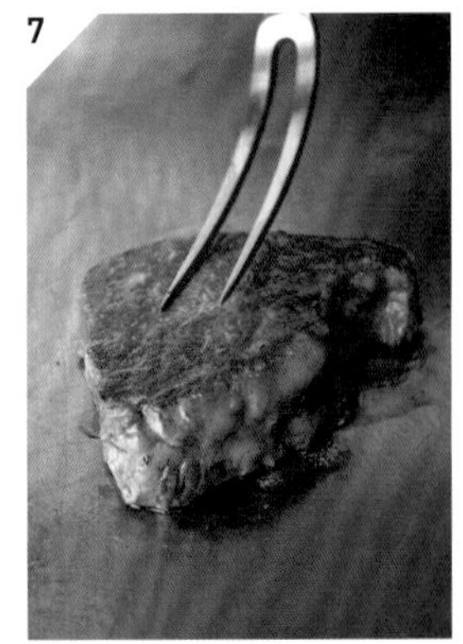

표면에 포크를 대고 눌렀을 때, 제자리로 돌아오는 탄력으로 익은 정도를 확인한다. 7분 동안 8번 뒤집어서 완성한 것이다.

8

조금씩 열을 전달했기 때문에, 휴지시킬 필요는 없다. 다 익은 것을 확인하고 자른다.

계속 같은 온도로 위아랫면을 번갈아 굽는다

처음에 고기를 올린 뒤 7~8번 정도 뒤집어서 굽는다. 고기를 뒤집는 타이밍은 「철판에 닿는 면의 온도가 올라가서 고기 표면이 수축되고 갈라지기 직전」이라고 생각하면 된다.

반복하는 동안 천천히 표면이 수축되고(마이야르 반응으로 색도 짙어진다) 김이 난다. 최종적으로 여분의 수분이 이처럼 김으로 빠져나가 맛이 응축된다.

매끄러운 감촉

낮은 온도에서 천천히 구운 안심은 자르면 전체가 고르게 붉은빛을 띤다. 혀에 닿는 감촉은 매끄럽고, 기름기가 없으며, 부드러운 맛이다. 이상적이라고 생각하는 와규의 육질을 최대한 살려서 완성한 것이다.

한편 안심을 고온에서 구우면(아래 비교 참조) 자르면 가운데는 붉고 표면과의 사이는 조금 희다. 표면은 바삭한 식감이고(안심이기 때문에 조금 바삭한 느낌), 수분이 빠진 만큼 지방의 촉촉함과 결이 살아난다. 겉과 속이 대비되는 맛이다. 예전처럼 「마블링을 즐기는」 타입의 육질에 어울리는 방법이다.

비교

「고온에서 굽기 → 휴지」의 경우

1

200℃ 철판에 오일을 두르고 고기를 올린다. 수분이 흘러나와 지글거리는 소리가 커진다. 고기 표면이 수축되어 휘어지므로 주걱으로 누른다.

2

고기 표면에 수분이 올라오기 시작하면 뒤집을 때이다(약 3분 뒤). 구워서 단단해진 표면이 갈라진 것을 볼 수 있다. 여기서 수분이 빠져나온다.

3

1분 30초 정도 구운 뒤, 철판의 저온 위치로 옮긴다. 고기 속 대류를 진정시키고, 열이 고르게 전달되게 한다.

4

1분 정도 휴지시키고 자른다.

02 와규 우둔살

근섬유가 많으므로 낮은 온도에서 천천히, 심플하게 굽는다

소고기는 「어깨부터 완성된다」라는 말이 있다. 어깨에서 먼 우둔살은 육질이 완성되기까지 시간이 걸린다는 의미이다.

와규는 일반적으로 28~30개월령의 고기가 유통되고 있지만, 월령이 어리면 특히 살코기는 부드러움과 촉촉함이 부족한 경우가 많다. 따라서 살코기를 철판에서 구울 때는 장기비육한 것을 선택하는 것이 좋다. 여기서는 육질이 충분히 완성된 34개월령 와규의 우둔살을 사용한다. 살코기가 많고 맛이 진하며, 설로인과 연결된 부분이라 마블링도 조금 있고 부드러워서 스테이크로 구워도 좋다.

와규를 정성껏 비육하면 설로인이나 안심 이외의 부위도 맛이 좋아지는데, 우둔살이나 앞다리 윗부분의 상박살 등은 비교적 합리적인 가격으로 제공할 수 있어 주목할만한 식재료이다.

우둔살의 육질은 안심이나 설로인보다 근섬유가 많아서, 씹는 맛과 촉촉함을 살려서 심플하게 굽는 방법이 가장 좋다.

지방이 적기 때문에 고온에서는 수분이 빠져나간다. 170℃ 철판에서 먼저 한쪽 면을 천천히 구운 뒤 뒤집어서 다시 굽고, 그대로 완성될 때까지 기다린다.

짙은 붉은색으로 지방도 조금 있는 34개월령 와규의 우둔살. 2㎝ 두께로 잘라서 사용한다.

MEMO :

기본 기술_ 오일 사용 방법

고기 표면이 마르거나 갈라져서 육즙이 빠져나오지 않도록, 고기와 철판 사이에서 쿠션 역할을 하는 오일을 넉넉히 두른다. 또한 굽는 동안 생고기가 철판에 직접 닿아서 달라붙지 않도록, 어느 정도 단단해질 때까지는 계속 터너로 오일을 모아 밑으로 넣어준다.

1

170℃ 철판에 E.V.올리브오일을 두르고 터너로 펴서 고르게 가열한다. 오일 양은 조금 넉넉하게.

2

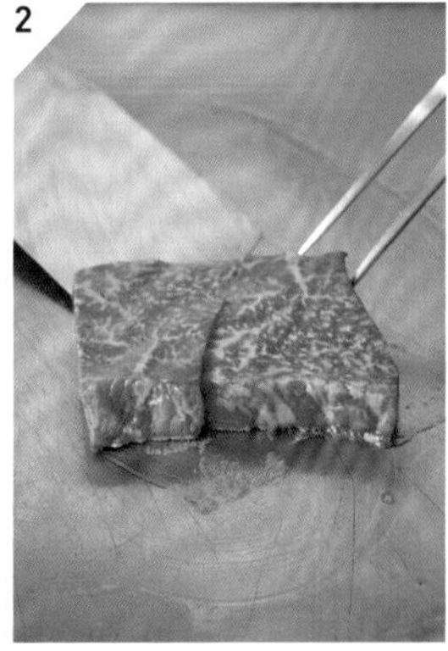

고기를 철판에 올린다.

3

주변의 오일을 터너로 모아서 고기 밑으로 넣어준다.

살이 갈라지지 않도록 기름을 보충한다

익힐 때 살이 쉽게 갈라지므로 고품질의 올리브오일 또는 소기름을 적당히 보충해, 향을 더하고 촉촉하게 굽는다. 고기를 자를 때는 먹기 편하게 자르는 것이 중요하다. 감칠맛이 진해서 얇게 썰어도 충분히 그 맛을 즐길 수 있다.

MEMO :

기본 기술_ 맛을 내는 방법

굽기 전에는 소금, 후추를 뿌리지 않는다. 소금은 식재료의 탈수를 촉진시키므로 냄새가 강한 식재료가 아니라면 품질 좋은 고기에는 필요하지 않다. 후추는 구우면 탄내가 나므로 뿌리지 않는다. 소금과 후추는 모두 구운 뒤에 뿌려서 맛을 내거나, 고기에 곁들여서 낸다. 그것도 최소한의 양이면 충분하다. 재료 자체의 맛과 굽기 정도만으로 충분히 훌륭한 맛을 낼 수 있는 것이 철판구이다.

4

철판에 닿는 고기의 표면이 수축해서 휘지 않도록, 위에서 포크로 살짝 눌러주면서 굽는다(약 2분 30초).

5

뒤집는다. 근섬유가 많아서 구운 면이 갈라진다. 그대로 1분 30초~2분 정도 더 굽는다.

6

자른다. 안심보다 근섬유가 굵기 때문에 한입크기로 얇게 자른다.

03 앵거스 설로인

살코기가 많은 미국산 소고기 스테이크도 철판의 특징을 살려서 굽는다

살코기의 인기가 높은 요즘, 특히 크게 비싸지 않은 가격대의 철판구이 식당에서 살코기가 많은 미국산 앵거스 소는 유용한 재료이다.

동양인들의 기호도 반영되어 품질은 확실히 향상되었으나, 와규처럼 부드럽거나 고소한 향이 있는 육질은 아니다. 조금 높은 온도에서 구운 색을 내고, 씹는 맛과 감칠맛을 잘 살리는 것이 좋다. 단, 프라이팬으로도 할 수 있는, 200℃ 고온에서 양면을 충분히 굽고 휴지시키는 방법으로는 철판 고유의 특성을 살릴 수 없다. 철판이라면 180℃ 정도의 중온에서 천천히 양면을 구워 속까지 열을 전달하고, 표면에 적당히 구운 색을 내는 작업을 동시에 완성해야 한다.

또한 소스와 궁합이 좋으므로, 마무리로 철판 위에서 고기 위에 마늘간장을 뿌려도 좋다.

미국산 앵거스 소의 설로인. 근섬유가 단단해서 지나치게 두꺼우면 씹기 어렵고, 얇으면 수분이 빠져나와 푸석해진다. 와규 안심보다는 얇게 썬다.

1 사진의 고기는 두께 2㎝, 무게 200g. 180℃ 철판에 E.V.올리브 오일을 조금 적게 두르고 고기를 올린다.

2 넓게 퍼진 오일을 터너로 모아, 고기 밑으로 넣어준다.

3 닿는 면이 익으면 뒤집는다(약 1분 30초 뒤). 화력이 강한 만큼 육즙이 흘러나와 철판에 눌어붙는다.

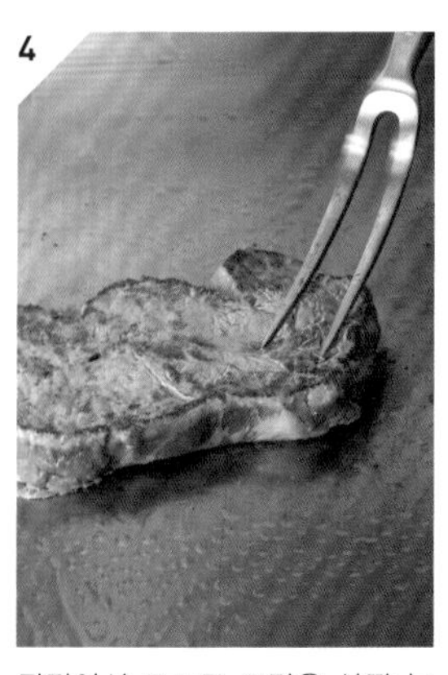

4 뒤집어서 포크로 표면을 살짝 눌러 철판에 밀착시키고, 1분 30초 정도 굽는다.

5

다시 뒤집어서 살짝 구운 뒤(약 20초) 뒤집어서 자른다. 결과적으로 양면을 거의 같은 시간 동안 굽는다. 표면이 미세하게 갈라졌지만 거칠게 갈라지지는 않았다. 속은 붉은 기가 뚜렷하게 보이지만, 속까지 따뜻하게 데워진 상태이다.

구운 색을 내기 위해 오일은 조금 적게 사용한다

경험상 미국산 소는 구운 색이 잘 나지 않고 하얗게 익는다. 노릇노릇한 구운 색을 내기 위해 처음에는 살이 갈라질 위험이 있더라도 오일을 조금 적게 둘러서, 고기가 철판에 달라붙어 구운 자국이 나게 만들었다.

굽는 감각을 익힌다

둥글게 썬 양파를 굽는다

고기를 알맞게 익히고 터너를 사용하는 연습

둥글게 썬 양파를 완벽하게 굽는 것은 의외로 쉽지 않다. 몇 번씩 뒤집으면서 저온에서 천천히 구워야 하므로, 스테이크를 굽는 감각을 익히는 데 도움이 된다. 온도도 뒤집는 횟수도 다르지만, 적당히 촉촉함을 남기고 구운 색을 고르게 내며, 절대로 태우지 않고 단맛을 잘 살려서 굽는 감각은 고기를 구울 때도 응용할 수 있다. 양파가 분리되지 않도록 뒤집는 손놀림에도 경험과 요령이 필요하므로, 연습하면 터너를 능숙하게 사용하는 데도 도움이 된다.

04 샤모(닭)

껍질:고기=8:2의 비율로 굽는다

철판구이 메뉴에 소고기 외의 고기를 넣는다면 어떤 고기가 좋을까. 돼지고기는 수분이 쉽게 빠져나가기 때문에 철판구이에 어울리지 않으며, 품질 좋은 브랜드 돼지고기라면 두툼한 덩어리를 장작불이나 숯불에 오래 굽는 것이 좋다.

철판구이에 적합한 것은 샤모 품종의 닭고기이다. 굽기 좋은 모양으로, 감칠맛이 진하며, 식감도 좋다. 소금과 레몬즙만 뿌려서 구워도 충분히 맛있다.

샤모를 구울 때 가장 중요한 포인트는 「껍질을 얼마나 바삭하게 굽는가」이다. 철판은 전체적으로 구운 색을 고르게 낼 수 있는 것이 장점이므로, 껍질의 주름을 확인해 꼼꼼하게 펴주면서 굽는다. 굽는 동안 흘러나온 기름을 터너로 떠서 고기에 끼얹는 것도 중요하다. 프라이팬에서는 하기 힘든 작업이지만, 철판에서는 매우 쉽게 할 수 있다.

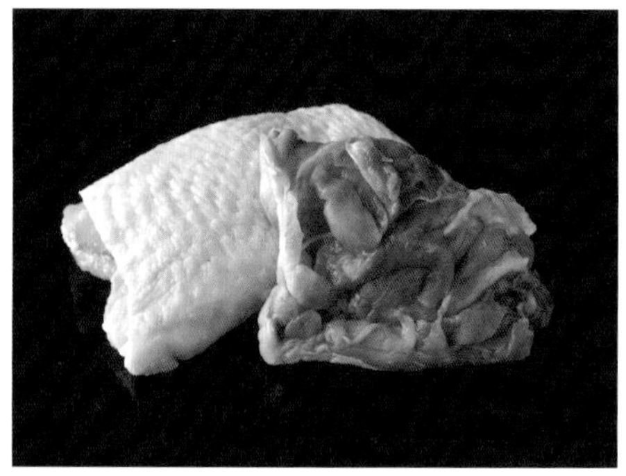

일반 닭고기보다 감칠맛이 강하고 육질도 탄탄하다. 1장이 300g 정도 되는 다릿살 1장을 그대로 굽는다.

1
180℃ 철판에 E.V.올리브오일을 두르고 고기를 올린다. 일단 그대로 둔다.

2
점점 껍질이 수축되면서 「주름」이 생긴다. 들춰서 주름진 부분이 있으면, 시트 주름을 펴듯이 편다.

3
「주름」을 편 뒤 다시 철판에 평평하게 놓는다.

4
이렇게 「펴기 → 다시 놓기」를 몇 번씩 반복한다. 왼쪽을 펴고 다음은 오른쪽을 펴는 식으로 진행한다.

5
점점 구운 색이 진해진다. 껍질에 「주름」이 있으면 색이 고르게 나지 않으므로, 골고루 조금씩 구운 색을 낸다.

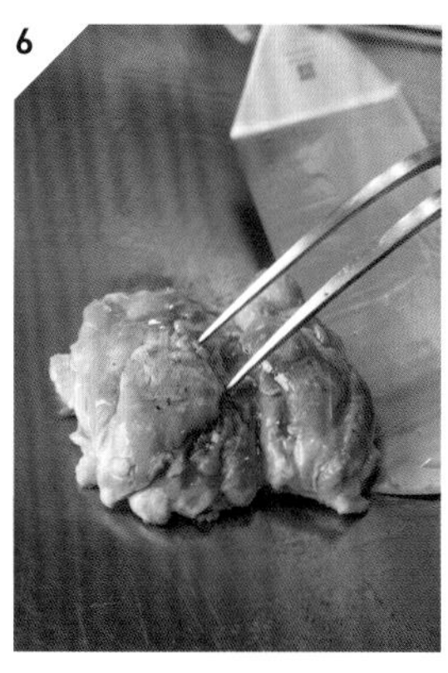
6
점점 기름이 녹아 나온다. 터너를 껍질과 철판 사이에 재빨리 밀어 넣어 기름을 뜨고

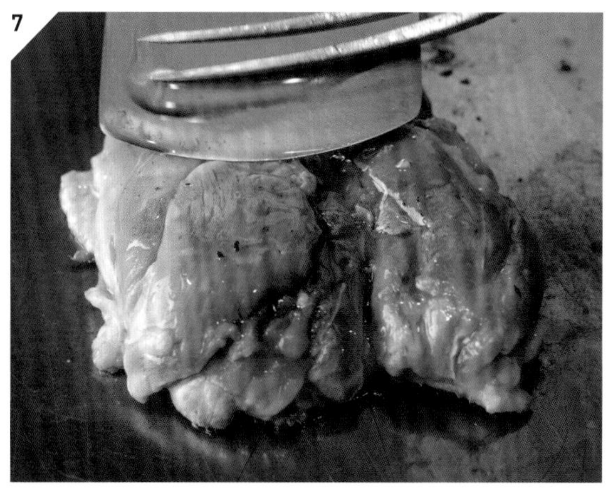
7
포크를 사용하여 고기 위에 기름을 끼얹는다. 이 작업을 반복한다. 주위에도 기름이 흘러나오므로, 양쪽에서 터너를 움직여 기름을 뜬다.

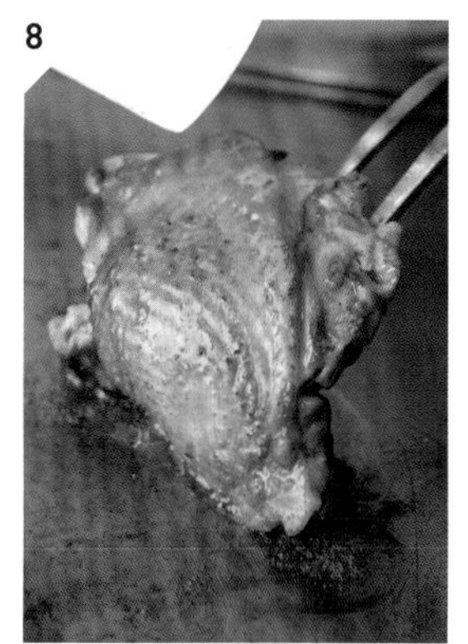
8
기름을 계속 끼얹으면서 굽고, 껍질이 충분히 익고 색이 진해지면(약 3분 뒤) 뒤집는다.

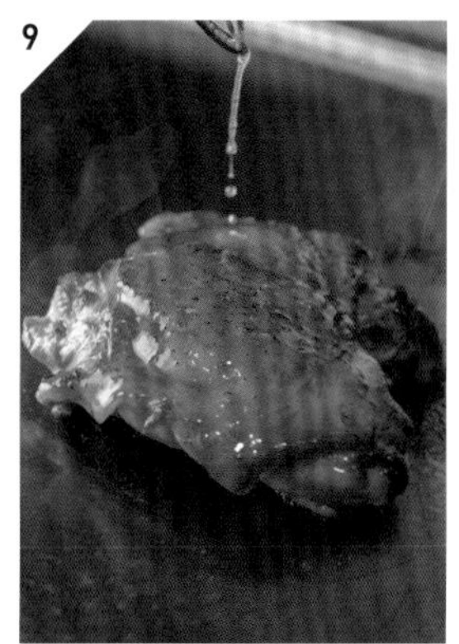
9
고기쪽을 구울 때도 기름을 여러 번 떠서 끼얹는다.

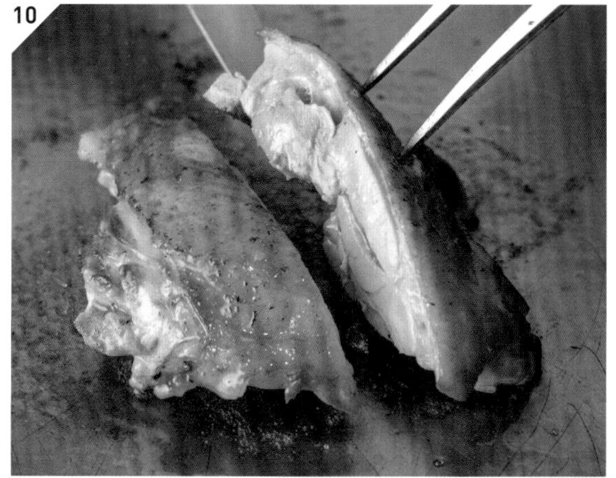
10
탄력으로 고기가 익은 정도를 확인하고(약 1분 30초 뒤) 자른다. 잘 잘리지 않으면 껍질쪽이 아래로 가게 놓는다.

샤모 자체의 기름을 끼얹으면서 굽는다

껍질을 천천히 굽는 동안 점점 기름이 녹아 나온다. 이 기름은 맛이 좋기 때문에 터너로 떠서 고기에 끼얹는다. 이 작업을 반복하면 표면이 마르는 것을 막고 풍미를 더할 수 있으며, 촉촉하게 완성된다.

05 닭새우

1마리를 통째로 구워, 소스 없이 새우 자체의 맛으로 승부한다

바닷가재나 닭새우 등 크기가 큰 새우는 예전부터 반으로 잘라서 굽는 것이 일반적이지만, 그러면 살이 수축하기 쉽고 표면이 마르기도 쉬워서, 그것을 보완하기 위해 소스를 뿌리게 된다.

그러나 소스의 맛으로 먹는 것은 프렌치요리로 충분하며, 철판구이는 굽기 기술로 맛을 내야 한다.

고기와 마찬가지로 재료 자체의 감칠맛을 놓치지 않고 고소하게 굽는 것을 목표로 하면, 「1마리를 통째로, 껍질 속에서 찌듯이 굽는다」라는 방법에 도달한다. 수축도 적고 감칠맛이 응축된다. 또한 1인분이 1/2마리라면 홀수로 주문이 들어올 경우 로스가 생기지만, 조금 작은 새우 1마리를 1인분으로 하면 로스도 없고 먹는 사람의 만족도도 높다.

1마리를 1인분으로 할 경우 200~250g짜리 새우를 사용한다. 꼬리 끝에서 배 가운데쪽으로 꼬치를 통과시켜 튀어 오르지 않게 한다.

1

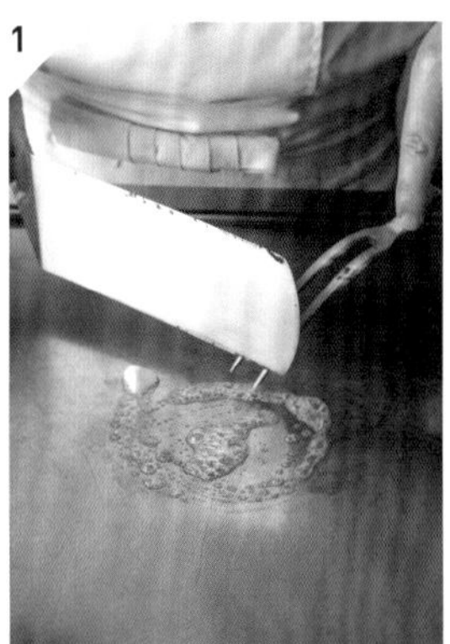

190℃ 철판에 버터를 녹인다. 오일보다는 버터가, 나중에 물을 넣었을 때 잘 튀지 않는다.

2

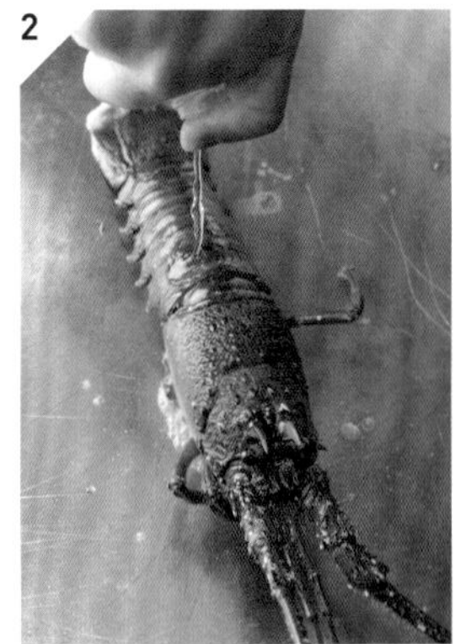

닭새우를 올려서 배쪽을 굽는다. 새우에서 나오는 육즙과 버터가 섞여서 굳으면 터너로 제거한다. 1분 정도 뒤에 물을 붓는다.

3

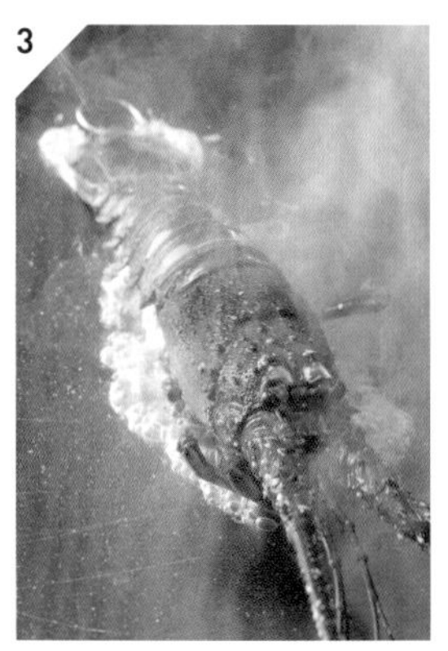

증발하는 수분을 이용해 새우를 껍질 속에서 찌듯이 굽는다. 칼로 꼬리를 펴서 철판에 밀착시키고, 포크로 등을 눌러준다.

4

1분 뒤에 새우를 옆으로 밀어놓고 철판에 눌어붙은 것을 제거한 뒤, 꼬치를 뽑고 옆으로 눕힌다. 물을 붓고 찌듯이 굽는다(30~40초).

5

반대쪽 옆면이 아래로 가게 놓고, 물을 부어 같은 방법으로 찌듯이 굽는다. 철판에 밀착되기 어려운 옆면부터 등쪽까지는 증기의 열로 익힌다.

6 머리가슴쪽 껍질에 칼끝을 넣고 1바퀴 돌려서 배와 분리한다.

7 머리가슴을 저온(170℃) 위치에 올린다. 물을 붓는다.

8 바로 클로슈를 덮는다. 머리쪽 내장을 충분히 익힌다(약 3분).

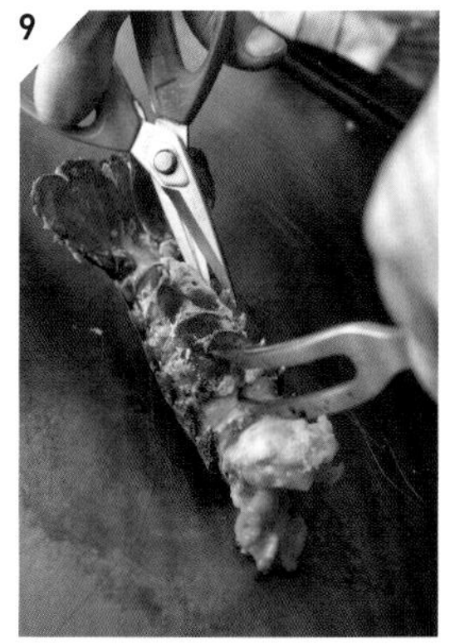

9 그동안 몸통을 배가 위로 오게 놓고 포크로 눌러서 고정한 뒤, 배다리를 가위로 자르고 칼끝으로 벗겨낸다.

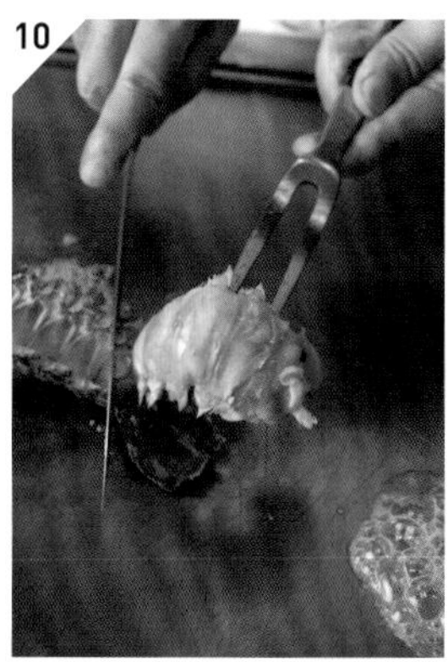

10 150℃ 철판에 버터를 녹인다. 옆쪽에 새우를 올린 뒤, 껍질을 누르고 포크로 살을 찔러서 비틀어 분리한다.

11 살을 바로 버터 위에 올리고, 양쪽 옆면을 살짝 굽는다. 등에 칼집을 넣어 자른다. 화이트와인을 뿌려서 묻힌다. 접시에 담는다.

12 **8**의 클로슈를 연다. 머리가슴 위쪽의 껍질을 들어올려 분리한다.

13 가슴다리쪽을 세로로 2등분해서 접시에 담는다. 머리쪽 내장을 꺼내서 껍질과 함께 곁들인다.

물을 조금 뿌리고 껍질 속에서 찐다

철판의 열과 물을 사용하여 껍질 속에서 찌듯이 굽는다. 적절한 수분의 증발이 중요하므로 클로슈는 사용하지 않는다. 껍질이 클로슈 역할을 한다. 전체가 고르게 익도록 배와 양쪽 옆면에 각각 물을 뿌리고 익히는 과정을 반복한다.

PART 02

매력적인 코스요리

전통적으로 철판구이는 코스요리로 제공되는 경우가 많은데, 최근에는 미식에 대한 다양한 요구를 반영한 의욕적인 창작메뉴도 많이 등장하고 있다. 「전채부터 디저트까지」 제공하는 코스요리에서 어떻게 철판을 사용하고, 어떤 맛과 퍼포먼스로 손님을 매료시킬까. 4곳의 유명 철판구이 레스토랑이 각각의 테마에 따른 코스요리 메뉴를 공개한다.

롯폰기 우카이테이

Roppongi Ukai-tei

도쿄·롯폰기

손님의 요구에 맞춰 제안, 창작. 기술, 창의성, 손님 접대의 완성형

1964년에 창업한 우카이 그룹은 도쿄 교외의 하치오지에서 이로리(일본의 전통 가옥에서 마루를 사각형으로 파고 난방용, 취사용으로 불을 피우던 장치) 숯불구이 식당을 시작으로 철판요리, 두부요리, 갓포요리, 과자제조 등 여러 분야에서 모두 높은 존재감을 발휘하고 있다. 철판요리는 1974년에 하치오지 1호점을 시작으로 도쿄에 3곳, 가나가와에 2곳의 매장을 갖고 있다. 도쿄와 가나가와 지역에서는 원조 철판요리 식당으로 안정적인 브랜드력을 자랑하며, 대만에도 2곳의 매장이 있다.

지정목장의 와규 등 고품질 재료를 사용할 수 있는 것도 이런 규모 덕분이다. 더군다나 45년 전부터 이어져온 전복 소금찜 등의 명물요리, 최고의 철판요리 기술을 갖춘 스태프에게 「마에스트로」 칭호를 부여하는 인재육성법, 엄선된 조리도구, 그리고 무엇보다 각 매장의 주방장이나 지배인의 재량으로 서로 다른 색깔을 만들어내는 점도 이 그룹만의 특징이다. 같은 우카이테이라도 메뉴가 다르고 공통된 매뉴얼도 없다.

가장 최근인 2018년에 개업한 롯폰기점은 프라이버시를 지킬 수 있는 반개인실 6개에서, 셰프가 직접 요리를 하며 설명과 함께 제공하는 셰프의 테이블 스타일이다. 짙은 주홍색 카운터가 우아한 분위기를 자아낸다. 디너코스는 33,000엔부터이며, 가게의 개성을 가장 잘 느낄 수 있는 「오트쿠튀르 코스」는 38,000엔부터이다. 정해진 메뉴는 없고, 「화이트트러플을 듬뿍 넣어주세요」, 「바다참게를 반드시 넣어주세요」 등과 같이 예약을 받을 때 요청사항을 듣고, 개별적으로 코스 메뉴를 구성한다. 주방장인 오카모토 유즈루는 프렌치요리 전문으로 미국에서도 경험을 쌓았으며, 「같은 그룹의 갓포요리 매장과 가까워서, 일본요리 고유의 맛이나 기술도 활용하는 것이 롯폰기점의 특징입니다」라고 이야기한다.

질 좋은 재료를 잘 살리기 위해서는 섬세한 기술이 요구된다. 요리에 따라서는 서비스를 맡은 스태프가 요리를 완성하기도 한다. 「극장」 같다는 평가처럼 셰프가 손님들의 시선을 한 몸에 받는 철판구이 식당이지만, 오히려 손님을 잘 관찰해서 세심하게 살피고 배려하는 것이 중요하다. 이런 섬세한 접대가 높은 평가와 재방문으로 이어진다.

東京都港区六本木6-12-4
六本木ヒルズけやき坂通り2F
03-3479-5252
www.ukai.co.jp/roppongi-u

오트쿠튀르 코스

Haute couture course

01

블리니에 올린
털게찜과 캐비어

Steamed KEGANI crab and caviar with blini

02

파르메산 치즈를 입힌
홋카이도산 화이트 아스파라거스

White asparagus from Hokkaido wrapped with shaved parmigiano reggiano

03

초피꽃을 곁들인
훈연향 소고기 안심 다타키

Light smoked fillet-minion "Tataki", a hint of Sichuan pepper

04

자라 콩소메로 맛을 낸
상어지느러미 국수

Shark's fin somen noodle, SUPPON consommé

05

산뜻한 여름향이 나는
에도마에 갈치 뫼니에르

Scabbard fish meunière with ginger flavor

06

트러플 소스를 곁들인
전복 소금찜

Abalone "en-croûte" with salt, sauce périgueux

07

최고급 우카이 비프 스테이크

The best quality of beef "UKAI" steak

08

털게와 수제 어란을 올린 솥밥

Rice steamed with KEGANI crab in cray pot, home-made bottarga

09

완숙 멜론과 마스카르포네 무스 파르페

Ripe sweet melon sundae with mascarpone mousse

10

프티 푸르

petit-four

요리_ 오카모토 유즈루

시즈오카현 출신. 유명 프렌치 레스토랑에서 14년 동안 근무하고, 같은 계열 매장에서 셰프로 일했다. 캘리포니아의 레스토랑에서 4년 동안 일한 뒤, 2009년 (주)우카이에 입사. 「아자미노 우카이테이」 주방장을 거쳐, 2018년 「롯폰기 우카이테이」의 개업과 함께 주방장을 맡았다.

Presentation

구로게와규의 등심, 안심, 홍두깨살, 그리고 산과 바다에서 나는 여러 가지 제철재료를 보여주는 것으로 우카이테이 극장의 막이 오른다. 오카모토 주방장을 비롯해 매장 내 6개의 룸을 각각 담당하는 마에스트로와 셰프가 있다. 오트쿠튀르 코스의 경우 제공되는 재료는 각 룸마다 다르지만, 소고기는 공통으로 돗토리현과 효고현의 경계에 있는 지정목장에서 장기비육한 「다무라규[田村牛]」를 사용한다.

01

블리니에 올린 털게찜과 캐비어

Steamed KEGANI crab and caviar with blini

먼저 허브향으로 식욕을 돋운다. 그리고 블리니를 굽고, 2개의 주걱으로 털게 껍데기를 벗겨 살을 꺼내는 등, 이어지는 멋진 기술로 빠져들게 한다. → p.64

구성

털게 다리(살짝 데친)
블리니
캐비어
양파 라비고트
달걀 미모자
사워크림
레몬(세로 8등분)
금박

1

먼저 소금판을 만든다. 180℃ 철판에 소금을 넉넉히 올려 편평하게 다듬는다.

2

소금판 가운데에 물을 적당히 뿌려서 적신 뒤, 바질이나 딜 등 여러 종류의 허브를 올린다. 허브에서 김이 올라온다.

3

허브 위에 털게 다리를 올린다. 올리브오일과 물을 조금씩 뿌리고, 클로슈를 덮어 찌기 시작한다.

4

200℃ 위치에 블리니 반죽을 올려서 굽는다.

털게 위에 캐비어를 듬뿍 올리고 금박으로 장식한다. 캐비어의 감칠맛과 짠맛, 레몬의 신맛, 3가지 소스(양파 라비고트, 달걀 미모자, 사워크림)를 원하는 대로 조합해서 여러 가지 맛을 즐길 수 있다.

5

양면에 구운 색이 노릇하게 나면 옆면도 굴려서 굽는다. 양파 라비고트, 달걀 미모자, 사워크림, 레몬을 담은 접시에 올린다.

6

털게를 5분 정도 찐 뒤 클로슈를 연다.

7

다리를 평평하게 놓고 주걱으로 껍데기를 벗겨 살을 빼낸다. 다리 끝부분은 솥밥(p.62 참조)용 육수를 내기 위해 남겨둔다.

8

게살을 철판의 저온 위치에 보기 좋게 올리고, 레몬즙을 뿌린다. 주걱으로 떠서 블리니 위에 올린다.

02

파르메산 치즈를 입힌 홋카이도산 화이트 아스파라거스

White asparagus from Hokkaido wrapped with shaved parmigiano reggiano

맛있는 제철재료를 심플하게 요리한다. 주방에서 손질하여 데쳐 놓은 화이트 아스파라거스를 냄비째 손님 앞으로 옮긴 뒤, 서비스 담당 스태프가 즉석에서 완성해 제공한다. → p.64

구성

화이트 아스파라거스(데친)
파르미자노 레자노(36개월)
호주산 자라꿀
태즈메이니아산 통후추(간)

1

데친 아스파라거스가 들어 있는 냄비의 뚜껑을 열어 향이 퍼지게 한다.

2

철판에 가지런히 올려서 데운 뒤, 갈아놓은 파르미자노 레자노 치즈 위에 굴려서 접시에 담는다.

치즈 그레이터(Microplane)로 간 부드러운 파르미자노 레자노를 입힌 아스파라거스. 자라꿀을 두르고, 악센트로 태즈메이니아산 후추를 뿌린다.

구성

구로게와규 안심 … 40g
플뢰르 드 셀
초피꽃(데친)
초피꽃 퓌레
더블 콩소메

1

250℃ 철판에 플뢰르 드 셀을 조금 뿌리고, 안심의 옆면을 살짝 굽는다. 1면씩 돌리면서 옆면에 소금을 묻혀가며 고르게 굽는다.

2

주위의 소금을 제거하고 위아래 자른면을 살짝 구워서 단단하게 만든다.

3

전체를 골고루 조금씩 구운 상태.

03

초피꽃을 곁들인 훈연향 소고기 안심 다타키

Light smoked fillet-minion "Tataki", a hint of Sichuan pepper

소고기 안심을 철판 위에서 한 면씩 돌리면서 부드럽게 익히고, 마지막에 찻잎으로 훈연한다. 구운 색과 굽기 정도(최종 중심온도 62℃)의 균형을 생각하면서 요리한다. 클로슈를 열고 고기를 자르면 완벽한 구운 색을 볼 수 있다. → p.64

초피꽃 퓌레를 깐 접시에 고기를 담고 콩소메를 끼얹은 뒤 데친 초피꽃을 올린다. 고기의 섬세한 감칠맛, 은은한 훈연향, 초피꽃의 고급스러운 자극이 입안에서 조화를 이룬다.

4

저온 위치로 옮긴다. 옆면이 철판에 닿게 놓고, 클로슈를 덮어 5분 정도 가열한다. 중간중간 클로슈를 열어 철판에 닿는 면을 바꾼다.

5

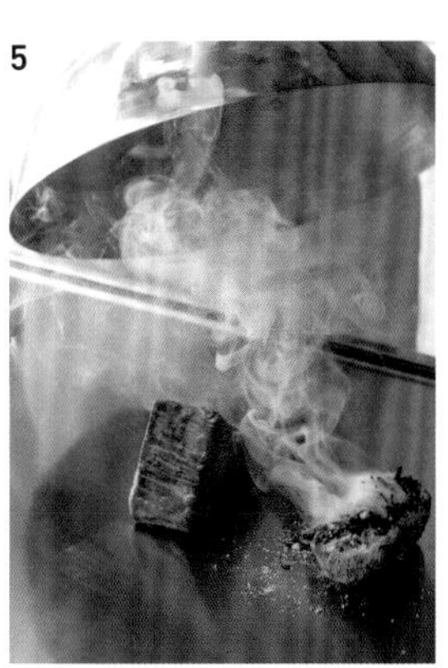

달궈진 비장탄을 놓고 얼그레이 찻잎을 올린 뒤, 그 옆에 안심을 놓고 클로슈를 덮는다.

6

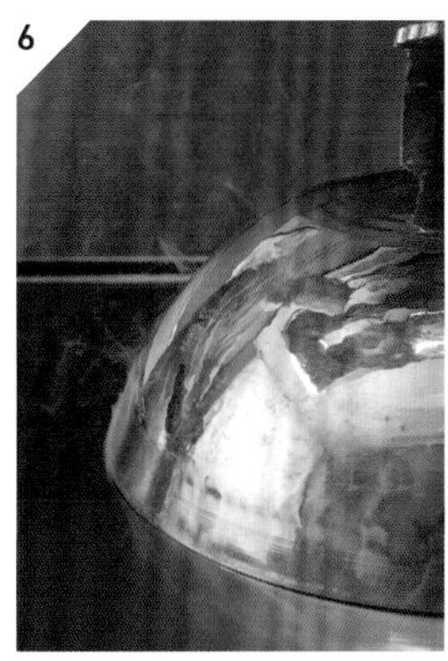

30초 정도 훈연한다. 익히기 위한 것이 아니라 향을 입히는 과정이므로, 철판의 저온 위치에서 진행한다.

7

클로슈를 열고 숯을 제거한 뒤, 안심을 세워서 2등분한다.

04

자라 콩소메로 맛을 낸 상어지느러미 국수

Shark's fin somen noodle, SUPPON consommé

코스 중간에 입가심하는 느낌으로 적은 양의 국수를 제공하기도 한다. 국수와 그라니테, 상어지느러미, 스다치를 담은 유리잔에 차가운 자라 콩소메를 손님 앞에서 붓고, 셰리주 스프레이로 향을 낸다. → p.64

구성

자라 콩소메와 그라니테
상어지느러미 콩소메 조림
국수
스다치(영귤), 셰리주

05

산뜻한 여름향이 나는 에도마에 갈치 뫼니에르

Scabbard fish meunière with ginger flavor

지방이 오른 갈치를 토막 내서 구우면 수축이 적고, 촉촉하게 완성된다. 주걱으로 철판에 녹인 버터를 갈치에 끼얹고, 뼈에서 살을 발라내는 기술을 선보인다. → p.65

구성

갈치(토막 낸)
생강 소스
가지
바질 퓌레

1 갈치에 소금, 검은 후추를 뿌리고, 양면에 강력분을 묻힌다.

2 여분의 밀가루를 털어내고, 생참기름을 두른 철판(250℃)에 올린다. 주걱으로 주위의 기름을 갈치 쪽으로 모으면서 굽는다.

3 뒤집어서 반대쪽도 굽는다. 중간에 오염된 기름은 닦아내고, 새 기름을 다른 위치에 뿌려서 데운 뒤 갈치쪽에 보충한다.

4 뒤집는다. 철판을 깨끗이 닦고 버터를 올려서 녹인다. 녹아서 거품이 생기면 일부를 주걱으로 떠서 갈치 밑으로 넣어준다.

5 보글보글 거품이 올라오는 버터 위에 갈치를 뒤집어서 올린다. 주걱으로 녹은 버터를 갈치쪽으로 모아서 향이 배게 굽는다.

6 버터를 끼얹으면서 굽는다.

7 기름을 제거한 뒤 저온 위치에 놓고, 클로슈를 덮는다(소스를 만드는 동안 마지막으로 익히는 과정). 중간에 상태를 보고 뒤집는다.

8 타원형 냄비를 철판에 올리고, 생강 소스를 만든다. 다른 냄비에 가지와 바질 퓌레를 넣고 버무린다.

9 클로슈를 연다. 갈치 양옆으로 가운데뼈를 따라 주걱을 넣어, 위쪽 살을 떼어낸다.

10 같은 방법으로 가운데뼈 아래 양옆으로 주걱을 넣어 뼈를 제거한다. 생강 소스와 가지를 담은 접시에 갈치살을 올린다.

깔끔한 생강 소스가 갈치 뫼니에르의 진한 풍미를 산뜻하게 살려 준다. 바질 퓌레로 버무린 가지와 함께 즐긴다.

06

트러플 소스를 곁들인 전복 소금찜

Abalone "en-croûte" with salt, sauce périgueux

45년 동안 이어져온 우카이테이의 특선 메뉴. 자연산 활전복을 「슬라이스하지 않고 통째로」 사용하는 것도 변함없는 고집이다. 고기에 잘 어울리는 페리괴 소스도 곁들여서, 바다의 산삼이라 불리는 전복의 씹는 맛과 감칠맛을 즐긴다. → p.65

구성
활전복
리크(데친)
뵈르블랑 소스
페리괴 소스

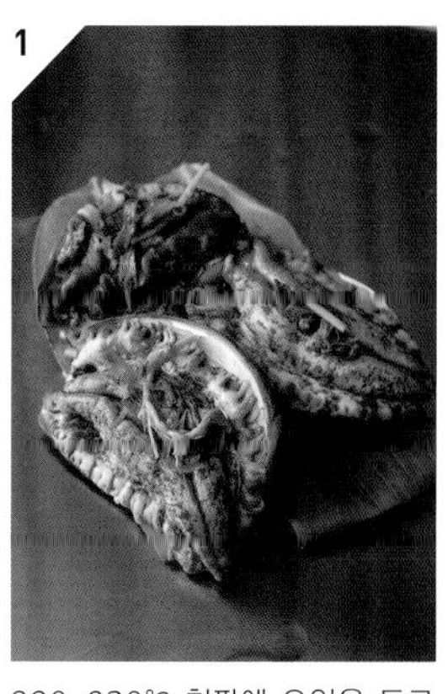

1 220~230℃ 철판에 오일을 두르고 조릿대잎 2장을 겹쳐서 깐다. 활전복을 올리고 식초에 절인 타라곤과 레몬 슬라이스를 얹는다.

2 **1**의 전복 위에 물에 불린 다시마를 덮는다. 그런 다음 소금을 듬뿍 덮어서 전체를 감싼다.

3 물을 적당히 부어 소금을 적신다.

4 클로슈를 덮어 15~20분 동안 그대로 두고 찌듯이 굽는다.

5 찌는 시간은 전복 크기에 따라 조절한다. 클로슈를 열고 소금을 제거한다.

6 칼과 포크를 사용해 껍데기에서 살을 떼어낸다. 철판 위에서 내장을 잘라 분리한다.

7 가장자리의 검은색 부분을 잘라서 정리하고, 표면에 어슷하게 격자무늬 칼집을 넣는다.

8 1개씩 작업한 뒤 일단 껍데기 위에 다시 올린다(접시에 담기 전 짧은 시간 동안 지나치게 익는 것을 막기 위해서).

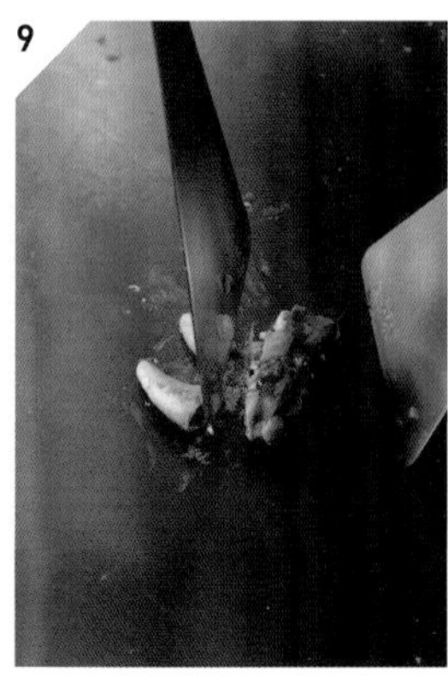

9 내장을 잘라 올리브오일을 두른 철판에서 굽는다. 소금, 후추를 뿌린다.

전복은 130g 정도. 200g짜리 전복을 1/2로 잘라서 제공하기도 하는데, 그런 경우에도 얇게 썰지 않고 씹는 맛을 살린다. 데친 리크를 담고 전복을 올린 뒤, 뵈르블랑 소스를 뿌리고 페리괴 소스의 트러플로 향을 더한다.

07

최고급 우카이 비프 스테이크

The best quality of beef "UKAI" steak

매번 달라지는 오트쿠튀르 코스에서 변함없이 주문이 많은 메뉴는 역시 스테이크. 바삭한 겉면과 촉촉한 속살을 균형 있게 맛볼 수 있도록 주사위 모양으로 자르고, 엄선된 양념과 가니시를 조합한다. → p.65

구성

구로게와규 설로인 … 180g(3인분)
마늘칩
백경채 소테
호스래디시 간장절임 퓌레
호스래디시(간)
캄보디아산 통후추(생)
맛간장

인테리어에 맞춰 특별히 주문한, 가라쓰의 도예가인 14대 나카자토 다로우에몬이 만든 스테이크 접시에 가니시, 양념과 함께 담는다. 맛간장은 따로 담아서 곁들인다.

1

철판의 저온 위치에 생참기름을 두르고, 바로 마늘 슬라이스를 올린다. 기름 위에서 굴리면서 약불로 튀기듯이 볶는다.

2

연한 갈색으로 튀겨지기 전에, 기름을 제거하고 소금을 뿌린다. 철판 가장자리로 옮겨 기름기를 빼고 접시에 담는다.

3

고기는 상온에 두지 않고 냉장고에서 바로 꺼내어 사용한다. 윗면에 소금, 후추를 뿌린다.

4

270℃ 철판에 생참기름을 두르고 고기를 뒤집어서 올린다. 주걱을 사용하여 기름을 고기쪽으로 모으고, 윗면에 소금, 후추를 뿌린다.

5

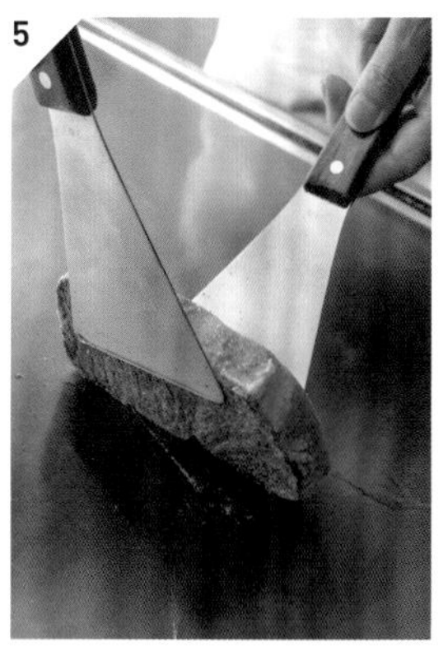

아랫면에 구운 색이 보기 좋게 나면(약 2분) 뒤집는다.

6

굽는 동안 고기에서 점점 기름이 배어나온다. 산화된 기름 냄새가 배지 않도록, 이 기름은 제거한다.

7

2분 정도 구운 뒤 저온 위치로 옮겨서 휴지시킨다(약 5분. 상태에 따라 적당히 조절한다).

8

백경채를 고온 위치에 올리고 밑동에 칼집을 넣은 뒤, 물을 조금 뿌리고 클로슈를 덮어서 찐다.

9

소금, 후추를 뿌리고 주걱에 간장을 조금 따라서 뿌린다. 한입크기로 자르고 레몬을 짜서 뿌린다.

10

보기 좋게 익어서 표면에 노릇노릇 구운 색이 나고, 육즙이 안정된 상태.

11

가늘고 길게 3등분한다.

12

각각의 면을 살짝 굽는다. 고온 위치로 옮기고 한입크기로 잘라 접시에 담는다.

08

털게와 수제 어란을 올린 솥밥

Rice steamed with KEGANI crab in cray pot, home-made bottarga

코스를 마무리하는 식사는 솥밥, 국수, 갈릭 라이스, 리소토 등 원하는 메뉴를 다양하게 선택할 수 있는데, 솥밥은 명주조개 관자와 블랙트러플, 성게알, 캐비어 같은 고급 식재료를 사용한 것이 인기가 많다. 털게를 코스의 시작과 끝에 넣으면 기억에 남는 맛이 된다. → p.65

구성

햇생강을 넣은 밥
털게살
어란 슬라이스
돌김을 넣은 미소된장국
채수적임

뚝배기에 잘게 썬 햇생강을 넣고 밥을 지은 뒤, 찐 털게살을 올리고 뜸을 들여 제공한다.

09

완숙 멜론과 마스카르포네 무스 파르페

Ripe sweet melon sundae with mascarpone mousse

디저트는 3가지 중에서 선택할 수 있는데, 파르페, 푸딩, 찹쌀 경단을 넣은 단팥죽 등 정겹고 익숙한 종류가 많다. 이 파르페는 마스카르포네 무스, 멜론 과육, 멜론 소스와 그라니테를 층층히 담은 것으로, 그라니테는 빙수기로 갈아서 넣는다. → p.65

10

프티 푸르

petit-four

배가 불러도 자꾸만 손이 가는 한입크기의 작은 디저트를 트레이에 예쁘게 담아서 제공한다. 디저트 종류는 위크엔드 시트롱, 캐러멜 바나나 마카롱, 쇼콜라 가나슈 타르틀렛, 피스타치오 비스코티, 견과류와 라즈베리 누가 등이 있다.

식후에 즐기는 차와 프티 푸르는 장소를 바꿔서, 느티나무가 보이는 바 라운지에서 서비스하는 것이 롯폰기 우카이테이 스타일이다. 런치 코스의 프티 푸르는 갓 구운 마들렌을 기본으로 하는데, 고소한 향과 소복이 담은 플레이팅으로 인기가 많다.

recipes

블리니에 올린 털게찜과 캐비어 p.52

털게 밑손질

털게(800g)의 다리를 잘라 뜨거운 물에 넣었다 건져서 찬물에 담근다. 껍데기에 칼집을 넣어 일단 살을 빼낸 뒤 다시 껍데기에 담는다. 몸통 부분은 배쪽 껍데기를 열고 소금을 넉넉히 뿌린 뒤, 80% 정도 익을 때까지 찐다. 다리 끝부분과 껍데기는 육수를 내는 데 사용한다(몸통의 살과 육수는 p.62의 솥밥에 사용).

블리니

강력분 … 160g
베이킹파우더 … 12g
그래뉴당 … 36g
소금 … 3g
달걀 … 1개
우유 … 150g
요거트 … 150g

양파 라비고트

다진 햇양파에 피네 허브(파슬리, 타라곤, 처빌, 차이브를 섞은 것), 레몬즙, 프렌치드레싱, 케이퍼를 섞은 뒤 소금으로 간을 한다.

달걀 미모자

달걀을 삶는다. 흰자와 노른자로 나누어 각각 고운체에 내려서 섞는다.

파르메산 치즈를 입힌 홋카이도산 화이트 아스파라거스 p.54

화이트 아스파라거스 밑손질

두툼한 화이트 아스파라거스의 껍질을 벗긴다. 벗긴 껍질, 넉넉한 양의 소금, 반으로 자른 레몬, 타임을 넣고 끓인 물에 데친다.

초피꽃을 곁들인 훈연향 소고기 안심 다타키 p.55

초피꽃 퓌레

초피꽃(데친)
무즙
차이브
더블 콩소메
생참기름

재료를 모두 믹서에 넣고 간 뒤 소금으로 간을 한다.

더블 콩소메

소고기 사태 다짐육, 생햄 자투리, 향미채소, 퐁 블랑(흰색 육수)을 끓여 맑은 콩소메를 만든다. 다시 소고기 사태 다짐육, 닭다리살 다짐육 조금, 월계수잎, 타임, 껍질째 으깬 마늘을 넣고 끓인다. 간장 몇 방울과 굵게 간 검은 후추를 넣은 뒤 면포에 거른다.

자라 콩소메로 맛을 낸 상어지느러미 국수 p.56

자라 콩소메

자라 … 2마리
a | 레드와인 … 1,440㎖
물 … 1,800㎖
디시미 … 3장(1m를 3등분)
생강, 대파 … 적당량

자라 목을 잘라서 피를 빼고 토막을 낸다. 내장을 제외한 모든 부위와 **a**를 냄비에 넣고 약불로 4시간 동안 끓여서 체에 거른다.

자라 콩소메 그라니테

자라 콩소메를 얼려서 빙수기에 넣고 간다.

상어지느러미 콩소메 조림

말린 상어지느러미를 물에 담가 하루 정도 불린 뒤, 불린 물은 버리고 새로 물을 넣고 끓여서 냄새를 제거한다. 잘게 풀어서 자라 콩소메를 넣고 살짝 끓이고, 국물과 함께 그대로 식힌다.

산뜻한 여름향이 나는 에도마에 갈치 뫼니에르 p.56

바질 퓌레로 버무린 가지

둥근가지
a | 바질
E.V.올리브오일
마늘

1 가지 껍질을 벗기고 소금과 올리브오일을 묻혀서 비닐랩으로 싼 뒤, 600W 전자레인지에서 3~5분 정도 가열한다. 주물러서 색을 낸다.
2 **a**를 믹서로 갈아 퓌레를 만든다.
3 철판에 타원형 냄비를 올리고, 4등분한 **1**과 **2**를 넣어 버무린다.

생강 소스

a | 생강(다진)
에샬로트(다진)
타임
케이퍼 초절임(2등분)
노일리 프랏*
칡가루
조개육수

* 와인에 향료를 가미한 혼성주.

1 뜨겁게 달군 타원형 냄비를 철판 위에 올리고, 올리브오일을 둘러서 가열한 뒤 **a**를 넣는다. 향이 나면 노일리 프랏을 넣고 알코올을 날린다.
2 물에 갠 칡가루를 넣어 살짝 걸쭉하게 만든 뒤, 조개육수로 유화시킨다.

조개육수

a | 개조개, 대합
b | 생강(두껍게 썬)
대파(녹색 부분을 듬성듬성 썬)
셀러리잎
다시마 … 20㎝ 1장
물 … 적당량

같은 양의 개조개와 대합을 **b**와 함께 냄비에 담고, 물을 자작하게 부어 천천히 가열한다. 끓으면 다시마를 건져내고 5분 정도 더 끓인 뒤 불을 끈다. 30분 동안 그대로 두고, 체에 거른다.

트러플 소스를 곁들인 전복 소금찜 p.58

페리괴 소스

a | 마데이라주
브랜디
루비 포트 와인
b | 글라스 드 비앙드(농축 소고기 육수)
더블 콩소메(p.64 참조)
트러플 콩피
쥐 드 트러플(트러플 농축액)
c | 생크림
버터

1 냄비에 **a**를 같은 비율로 넣고 루비 포트 와인을 조금 넣는다. 수분이 거의 없어질 때까지 졸인 뒤, **b**를 넣고 계속 졸인다. 체에 거른다.
2 트러플 콩피(트러플을 삶아서 말린 뒤 올리브오일과 함께 진공팩에 담아 70℃에서 30분 가열한다)를 1㎝ 크기로 깍둑썰어서 버터에 살짝 볶은 뒤, 쥐 드 트러플을 넣고 살짝 조린다.
3 **2**에 **1**을 넣고 섞은 뒤 **c**를 넣어서 완성한다.

데친 리크

리크의 녹색 부분을 직사각형으로 썰고, 식감이 살도록 소금물에 살짝 데친다.

최고급 우카이 비프 스테이크 p.60

호스래디시 간장절임 퓌레

간 호스래디시를 간장과 함께 끓인 뒤, 알코올을 날린 맛술을 조금씩 넣고 섞어서 15일 정도 절인다.

맛간장

a | 간장 … 900cc
맛술 … 450cc
다시마 … 가로세로 20㎝ 1장
가쓰오부시(깎은) … 1줌

a를 냄비에 넣고 끓이다가 불을 끄고 가쓰오부시를 넣는다. 냉장고에 3일 동안 둔 뒤 체에 거른다.

털게와 수제 어란을 올린 솥밥 p.62

씻은 쌀과 굵게 다진 햇생강을 뚝배기에 넣은 뒤, 물과 털게 육수를 같은 비율로 넣고 밥을 짓는다. 털게 몸통, 다리 등의 살을 올리고 뜸을 들인다.

완숙 멜론과 마스카르포네 무스 파르페 p.63

마스카르포네 무스

마스카르포네 … 100g
a | 그래뉴당 … 15g
증점제(프로에스푸마 COLD) … 8g
탈지농축유 … 20g
우유 … 30g
생크림(유지방 40%) … 50g

1 마스카르포네를 풀고 **a**를 잘 섞어서 넣는다.
2 나머지 재료를 순서대로 넣고 섞어서 반나절 이상 냉장고에 넣어둔 뒤, 에스푸마 사이펀에 넣고 무스를 만든다.

멜론 그라니테

멜론을 착즙기에 넣고 즙을 내서 물과 그래뉴당으로 맛을 조절한 뒤 냉동한다.

멜론 소스

그라니테와 같은 방법으로 멜론 주스를 만들고, 응고제를 넣어 걸쭉하게 만든다.

파크 하얏트 교토「야사카」

Park Hyatt Kyoto, YASAKA

교토·고다이지

프렌치요리의 기술과 미식관으로 만들어낸 새로운 철판요리

2019년 가을, 교토의 히가시야마에 파크 하얏트 교토가 문을 열었다. 주위의 역사적 건축물과 잘 어우러지는, 평화롭고 작은 럭셔리 호텔이다.

야사카〔八坂〕는 이곳의 시그니처 다이닝으로 긴 철판을 ㄷ자형의 카운터석이 둘러싸고 있는데, 창밖으로 마치 한 폭의 그림 같은 야사카탑이 보이는 매우 특별한 공간이다. 기존의 「호텔 철판구이」와는 다르게, 격식 있는 프렌치요리를 도입한 새로운 콘셉트의 철판요리를 선보인다.

셰프로 초빙된 히사오카 간페이는 남프랑스를 중심으로 프랑스의 일류 레스토랑에서 16년 동안 경험을 쌓았고, 파리에서 미쉐린 스타를 받은 실력파 셰프이다.「일본 철판구이의 본질을 유지하면서, 철저하게 프렌치요리를 바탕으로 요리를 구성합니다」라고 이야기한다.

디너는 전통 철판구이 5품 메뉴(27,830엔), 프리 픽스 6품 메뉴(32,890엔), 창작성이 빛나는 셰프의 오마카세 메뉴(37,950엔) 등 3가지이며, 오마카세의 메인은 야마가타규(야마가타현 고유품종 소), 또는 프렌치요리 베이스의 고기요리 중 선택할 수 있다.

야사카의 특징은「팀을 이루어 굽는다」는 것이다. 히사오카의 지휘 아래 여러 명의 셰프가 역할을 분담해 다른 요리, 다른 조리단계를 연계하여 요리를 제공한다. 이른바 철판을 무대로 한 프렌치요리의 오픈 키친이다. 고기가 중심이 되기 쉬운 기존의 철판구이에 비해, 해산물도 많이 사용한다. 그렇지만 프렌치요리를 모두 철판으로 표현할 수 있는 것은 아니다. 무엇이 가능하고, 무엇을 표현할지를 판단해 메뉴를 구성하고, 조리과정을 응용하여 철판으로 완벽하게 완성하기 위해 꼼꼼하게 준비한다. 한편, 철판이기 때문에 전통 프렌치요리 이상으로 재료를 섬세하게 익힐 수 있는 부분도 있다.

「프렌치요리×철판구이」에 의한 화학반응이 프렌치와 철판구이에서 모두 새로운 가능성을 만들어내고 있다.

京都市東山区高台寺桝屋町360
075-531-1234
www.parkhyattkyoto.jp

셰프의 오마카세 코스

Tasting menu

01

오늘의 카나페 3종
Canapés

02

감귤비네그레트 소스를 곁들인
구운 비트 & 셰브르 치즈
Roasted beetroot, chevre cheese, citrus vinaigrette

03

성게알, 보리새우, 캐비어를 올린
감자 팬케이크
Potato pancake with sea urchin and prawn caviar

04

로메스코 소스와 초리소를 곁들인
갈리시아풍 문어 요리
Galician style octopus, chorizo and romesco sauce

05

스루가만산 랑구스틴과 가리비 타르타르
SURUGA Bay langoustine and scallop tartare

06

부야베스
Bouillabaisse

07

토마토 타르타르
Riped tomato tartare

08

남프랑스 시스트롱산 램랙과
풋마늘 퓌레
Lamb loin of Sisteron, green garlic purée

09

오차즈케 스타일 소고기 생강조림 주먹밥
Simmerd beef, roasted rice ball and dashi, "Ochazuke" style

10

슈하리 그라니테
Pre-dessert, SHUHARI granité

11

피치 멜바
Peach Melba

12

디저트와 기념선물
Petit-four

요리_ 히사오카 간페이

나라현 출신. 20대 초반에 프랑스로 건너가 몽펠리에와 파리의 「레 프레르 푸르셀」, 라나풀의 「로아지스」 등에서 요리를 배웠다. 2016년 파리에 있는 「라 트뤼피에」의 주방장으로 미쉐린 스타를 획득하고, 2019년부터 파크 하얏트 교토 「야사카」의 주방장으로 일하고 있다.

01

오늘의 카나페 3종

Canapés

파테 앙 크루트 등 프렌치요리 특유의 섬세한 맛의 조합을 한입 크기로 만들었다. 디너 타임에 방문한 손님이 자리에 앉으면 먼저 제공하여, 메뉴를 고르면서 샴페인이나 맥주와 함께 식사 전 시간을 즐길 수 있다. → p.80

구성
꼬치고기 콩피 타르틴
오리고기 파테 앙 크루트
바닷가재 케이크 살레

02

감귤 비네그레트 소스를 곁들인 구운 비트 & 셰브르 치즈

Roasted beetroot, chevre cheese, citrus vinaigrette

코스가 시작되기 전 아뮤즈 부쉬로 제공하는, 계절감이 느껴지는 차가운 요리. 교탄고〔京丹後〕시 아오키농원산 비트와 셰브르 치즈의 조합에 사과(왕림)의 산뜻한 맛과 트러플향을 더했다. → p.80

비트는 아니스 리큐어를 뿌려 찌듯이 굽는다. 치즈의 우유맛, 사과의 아삭함이 악센트가 된다. 감귤 비네그레트로 산뜻하게 완성한다.

밀가루의 양을 최소한으로 줄인 블리니 반죽의 주인공은 매시트포테이토. 감자의 부드러운 풍미가 캐비어, 성게알, 새우의 감칠맛을 감싼다.

03

성게알, 보리새우, 캐비어를 올린 감자 팬케이크

Potato pancake with sea urchin and prawn, caviar

「캐비어와 블리니」의 전통적인 조합을 독창적인 스타일로 응용했다. 메밀가루를 넣은 블리니를 눈앞에서 직접 구워 고소함을 업그레이드. 야사카의 시그니처 메뉴 중 하나이다. → p.80

구성

블리니
보리새우
성게알(생)
캐비어
사워크림
칵테일 소스
처빌

1

원형틀에 현미유를 바르고, 현미유를 두른 중온의 철판에 올린다. 원형틀에 블리니 반죽을 5㎜ 높이로 채운다.

2

틀을 빼고 그대로 익힌다. 색이 나면 뒤집고, 양면 모두 옅은 갈색이 날 때까지 굽는다.

3

동시에 보리새우(껍질 제거)를 철판에서 굽는다. 양쪽 옆면에 구운 색을 내고, 세로로 2등분한다.

4

구운 블리니를 철판 가장자리로 옮기고 칵테일 소스와 사워크림을 바른다. 그 위에 재료를 올린다.

04

로메스코 소스와 초리소를 곁들인 갈리시아풍 문어 요리

Galician style octopus, chorizo and romesco sauce

삶은 문어와 감자에 파프리카파우더를 뿌린 스페인의 향토요리를 섬세하게 변형시켰다. 각각 꼼꼼하게 손질한 뒤 철판에 구워서, 로메스코(빨강 피망 베이스의 견과류 소스)와 초리소를 곁들인다. → p.80

구성

문어(와카야마산/삶은)
감자 콩피
초리소 스틱
로메스코 소스
초리소 크림
살사 베르데
헤이즐넛(부순)
마리골드잎
수제 포카치아
오렌지껍질(얇게 깎은)
파프리카파우더

「팀을 이루어 요리」하는 것이 야사카 철판구이의 스타일. 긴 철판 앞에 2명의 셰프가 서서 함께 하나의 요리를, 또는 여러 가지 요리를 완성한다.

1

요리마다 각각의 재료를 프레젠테이션한다. 문어, 감자, 오렌지, 로메스코, 초리소 등 스페인의 맛을 담았다.

2

고온(220℃)의 철판에 오일을 두르고 감자 콩피를 올려, 양면에 보기 좋게 구운 색을 낸다.

3

포카치아를 철판에 놓고 모든 면에 보기 좋게 구운 색을 내서, 다른 접시에 담아 곁들인다. 초리소는 중온 위치에서 부드럽게 굽는다.

4

문어에 레몬즙을 뿌리고 소스류와 헤이즐넛, 감자 콩피, 초리소를 담은 접시에 올린다. 오렌지껍질과 파프리카파우더를 뿌리고, 마리골드잎을 올린다.

3가지 소스는 문어와 감자, 어느쪽의 풍미와도 잘 어울린다. 남은 소스에 포카치아를 찍어서 먹는다.

05

스루가만산 랑구스틴과 가리비 타르타르

SURUGA Bay langoustine and scallop tartare

200g 정도 되는 랑구스틴을 철판에서 잘 구워 감칠맛을 최대한 끌어낸다. 함께 곁들인 차즈기, 고수오일, 소금누룩, 간즈리의 동양적인 향과 자극적인 맛이 새우와 잘 어우러져 식욕을 돋운다. → p.80

구성

랑구스틴
소금누룩과 간즈리* 페이스트
가리비 타르타르
히비스커스 젤리
차즈기 꽃이삭
고수오일

* 고추를 발효시켜 매운맛을 낸 일본의 조미료.

랑구스틴의 집게발, 다리, 더듬이는 잘라서 다음 요리인 부야베스(p.74)에 사용한다. 머리가 붙어 있는 채로 배쪽 껍질을 벗겨 프레젠테이션하고, 머리도 함께 구워 부야베스에 사용한다.

1

220℃ 철판에 오일을 두르고, 머리를 떼어낸 랑구스틴(소금은 뿌리지 않는다)을 등이 아래로 가게 올린다.

2

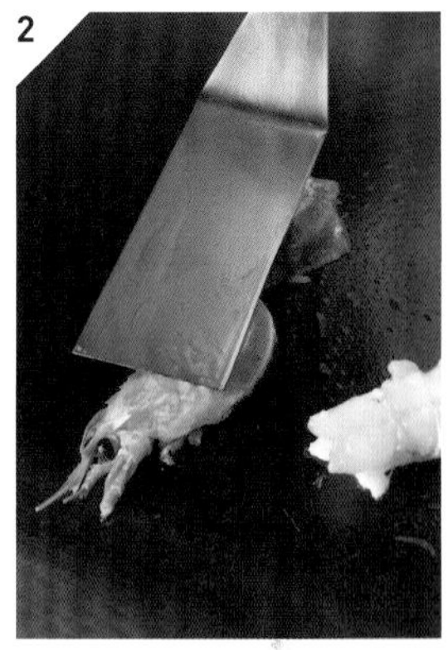

동시에 세로로 2등분한 랑구스틴 머리를 자른면이 아래로 가게 올린다. 위에서 눌러주며 완전히 익힌다(약 3분).

3

방향을 조금씩 바꾸면서 골고루 구운 색을 낸다.

4

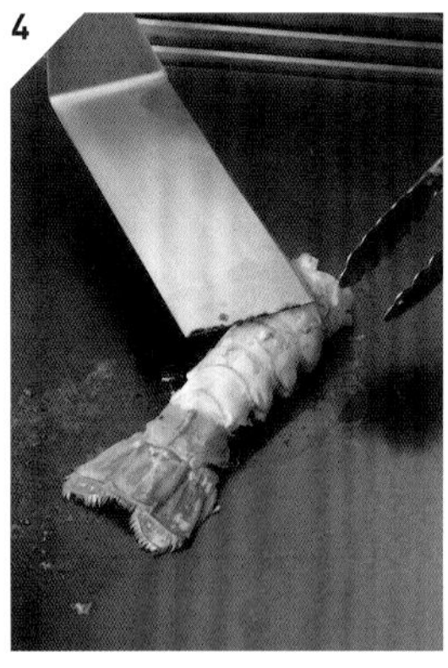

배가 아래로 가게 놓고 터너로 살짝 눌러서 굽는다(여기까지 약 1분).

5

등에 소금누룩과 간즈리 페이스트를 바른다.

6

토치로 살짝 그을린다.

따뜻하게 먹는 요리지만 차가운 가리비 타르타르를 곁들인다. 차즈기와 고수오일의 향이 새우의 단맛을 섬세하게 잡아준다.

06

부야베스

Bouillabaisse

셰프가 배운 남프랑스 요리에 일본의 해산물을 조합한 시그니처 요리. 고급 재료를 사용하여 세련된 맛의 해산물 수프를 만들고, 철판에 구운 랑구스틴의 머리를 더해 향을 한껏 살렸다. 갓 구운 해산물과 함께 제공한다. → p.81

구성

부야베스 수프
벤자리, 금눈돔(토막 낸)
홍합 화이트와인 조림
케일(아오키농원)
펜넬 사프란 조림
아이올리 소스
수제 팽 드 캉파뉴

1

p.72에서 고소하게 구운 랑구스틴 머리에 코냑을 조금 넣고 살짝 끓인다(사진 왼쪽). 오른쪽은 부야베스 수프.

2

1의 머리를 부야베스 수프 냄비에 넣고 살짝 끓인다. 갓 구운 랑구스틴의 고소한 향과 감칠맛이 수프에 우러난다

3

냄비에 홍합, 다진 에샬로트, 이탈리안 파슬리, 화이트와인을 넣고 찐다. 입이 벌어지면 꺼낸다.

4

3의 국물을 살짝 졸인 뒤 버터를 넣는다. 입을 벌린 홍합에 바른다.

5

고온의 철판에 껍질이 아래로 가게 생선을 올린다. 위에서 눌러 껍질을 잘 굽는다. 펜넬 사프란 조림도 굽는다.

6

껍질 밑에 있는 젤라틴이 녹기 시작하면 저온 위치로 옮기고, 케일을 올린 뒤 클로슈를 덮어 3분 정도 찐다.

7

클로슈를 열고 생선을 뒤집어서 소금, 후추를 뿌린다. **2**의 수프 냄비에 넣어 맛이 배어들게 한다.

8

수프를 체에 거르고, 스푼으로 랑구스틴의 머리를 눌러서 감칠맛을 짜낸다.

9

맛차용 차선으로 섞는다. 접시에 생선, 홍합, 펜넬을 담고 수프를 붓는다. 케일을 올린다.

「부야베스의 주인공은 수프」. 수제 팽 드 캉파뉴, 아이올리 소스와 함께 남프랑스의 깊은 맛을 즐길 수 있다. 해산물은 제철을 맞은 것으로 고르고, 철판에 구워서 반 정도 익힌 뒤 수프에 넣고 끓이기도 한다.

07

토마토 타르타르

Riped tomato tartare

완숙 토마토 타르타르를 토마토와 파인애플 셔벗, 햇생강 피클과 함께 즐긴다. 신맛이 지나치게 강하지 않고 산뜻한 풍미가, 입안을 부드럽게 리프레시해준다.

토마토 타르타르는 작게 깍둑썬 교토산 완숙 토마토에 석류 농축액과 소금을 넣어 맛을 냈다. 민트잎을 올린다.

08

남프랑스 시스트롱산 램랙과 풋마늘 퓌레

Lamb loin of Sisteron, green garlic purée

남프랑스 시스트롱에서 풀을 먹고 자란 새끼양고기의 풍미는 각별하다. 덩어리째 철판 위에 올리고 지방을 녹이듯이 천천히, 버터를 계속 끼얹으면서 정성껏 구워, 섬세한 육질과 향을 심플하게 최대한 살린다. → p.81

구성

새끼양 램랙 … 뼈 2~3개 분량
그린 아스파라거스
풋마늘 퓌레
말린 토마토를 넣은 하리사*
레몬으로 맛을 낸 쥐 다뇨
안초비를 넣은 견과류 크럼블

* 고추를 향신료와 함께 갈아서 만든 북아프리카 튀니지의 소스.

1

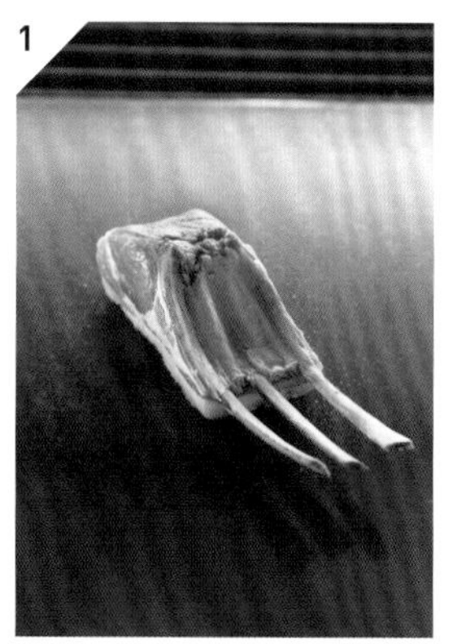

램랙을 지방쪽이 아래로 가게 중온의 철판에 올려, 그대로 굽는다.

2

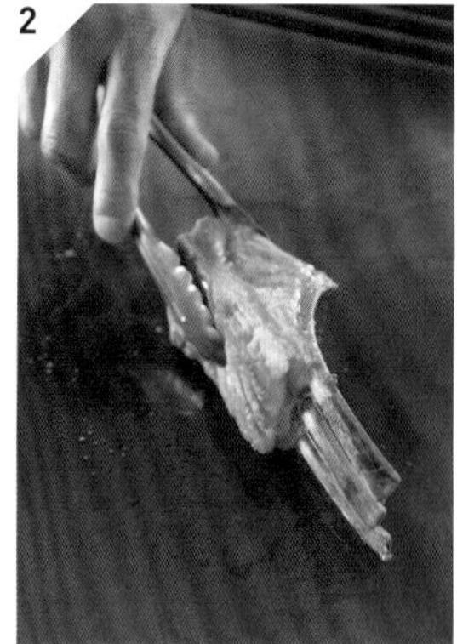

5분 정도 지나 지방이 부드러워지고 표면이 밝은 갈색으로 익으면, 모든 자른면을 순서대로 살짝 굽는다.

3

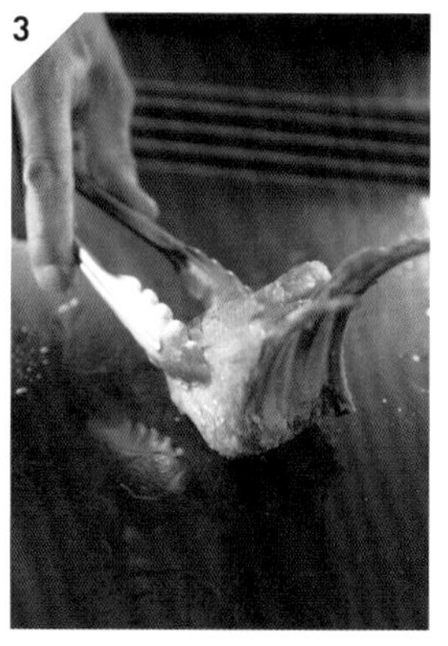

고기를 세워서 등뼈쪽을 굽고, 갈비뼈 안쪽도 철판에 대고 눌러서 표면을 살짝 익힌다.

4

철판에 올린 구리냄비에 버터, 마늘, 타임을 넣는다.

5

버터가 끓으면 **3**을 넣는다.

6

끓인 버터를 끼얹으면서 굽는다. 3~4분마다 방향을 돌려준다.

7

버터를 끼얹으면 윗면에서도 열이 전달되고, 버터향이 배어든다.

8

탄력으로 익은 정도를 확인한다(냄비에 옮기고 약 15분 뒤). 소금, 후추를 뿌린다.

9

고기가 구워지는 동안 아스파라거스를 철판에 굴려가며 굽고, 마지막에 토치로 구운 색을 내어 접시에 담는다.

풋마늘 퓌레, 말린 토마토를 넣은 하리사를 양념으로 곁들여 맛의 변화를 즐길 수 있다. 소스는 레몬으로 맛을 낸 쥐 다뇨. 마무리로 견과류 크럼블을 뿌린다.

09

오차즈케 스타일 소고기 생강조림 주먹밥

Simmerd beef, roasted rice ball and dashi, "Ochazuke" style

작은 주먹밥을 철판에 굽고 제철 재료와 육수로 오차즈케를 만든다.

구성

소고기 생강조림*을 넣은 현미 주먹밥
닭육수
대파 흰 부분, 양하, 청소엽, 붉은 여뀌 어린잎

* 소고기에 생강, 간장, 설탕 등을 넣고 조린 것.

10

슈하리 그라니테

Pre-dessert, SHUHARI granité

디저트를 내기 전에 작은 빙과를 제공한다. 교토의 마쓰모토 주조와 콜라보레이션한 슈하리 ID591 사케로 만든 그라니테이다. 토핑은 민트를 넣고 버무린 시즈오카산 아마네〔天使音〕 멜론.

11

피치 멜바

Peach Melba

피치 멜바는 레몬 베베나로 향을 낸 백도 콩포트를 주인공으로, 다양한 온도와 식감, 맛을 조립한 디저트이다. 고소한 견과류 갈레트, 스파이스 아이스크림 등을 함께 담았다. → p.81

구성

백도 콩포트
견과류 갈레트
바닐라맛 플랑
스파이스 바닐라 아이스크림
아몬드 튀일
라즈베리 소스

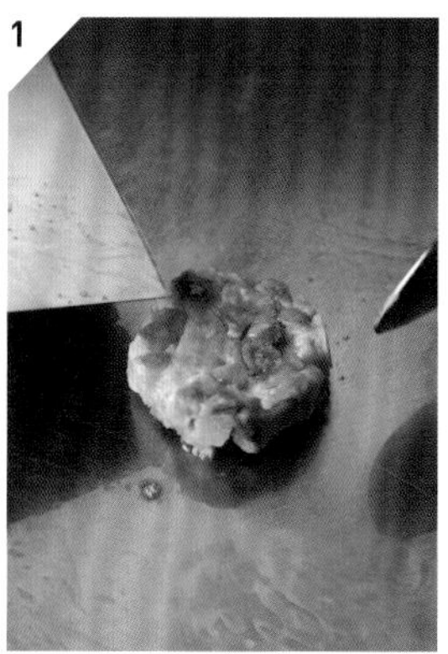

1

철판 위에 원형틀을 올리고 견과류 갈레트 반죽을 채운 뒤, 틀을 제거하고 양면을 노릇하게 굽는다.

2

바닐라맛 플랑과 백도 콩포트를 철판에 올리고, 백도 위에 카소나드를 뿌린 뒤 토치로 그을려서 캐러멜라이즈한다.

3

구리냄비에 라즈베리와 레몬즙을 담고 키르슈를 뿌려 플랑베한다.

4

준비해둔 라즈베리 소스를 넣고 살짝 끓인다.

백도 콩포트를 받치고 있는 견과류 갈레트는 철판에서 굽기 쉽도록 캐러멜라이즈한 헤이즐넛과 견과류 크럼블에 밀가루 반죽을 조금 넣고 섞어서 구운 것이다.

12

디저트와 기념선물

Petit-four

식후 차 한 잔에 곁들이는 「디저트」는 유자로 만든 파트 드 프뤼이(과일 젤리)와 다크초콜릿 로셰이다. 「선물」은 술지게미, 피스타치오, 유자를 넣은 3종류의 카눌레. 즐거웠던 시간이 추억으로 남는다.

recipes

오늘의 카나페 3종 p.68

꼬치고기 콩피 타르틴

꼬치고기의 살을 소금에 절여서 저온의 올리브오일로 익힌다. 잘라서 표면을 그을리고 호밀빵 토스트에 올린다. 그린 페퍼, 핑크 페퍼를 넣은 제노베제(바질페스토)를 올리고 식용꽃과 허브로 장식한다.

오리고기 파테 앙 크루트

지름 3㎝ 정도의 롤모양으로 구운 파테 앙 크루트 위에 채소 피클과 머스터드를 올린다.

바닷가재 케이크 살레

바닷가재의 자투리살을 섞어서 구운 케이크 살레에 프로마주 블랑(에샬로트 초절임과 차이브를 섞는다), 망고 타르타르, 당근꽃을 올린다.

감귤 비네그레트 소스를 곁들인 구운 비트 & 셰브르 치즈 p.68

1 비트에 노일리 프랏을 뿌려 알루미늄 포일로 싸고, 180℃ 오븐에서 1시간 정도 굽는다. 슬라이스한 뒤 감귤 비네그레트(다진 생강, 꿀, 레몬과 라임의 즙과 껍질, E.V.올리브오일)로 버무린다.

2 셰브르 치즈(우유를 섞은)를 접시에 담고 **1**을 올린다. 막대모양으로 자른 사과, 감귤 비네그레트, 쇠비름, 트러플을 올린다.

성게알, 보리새우, 캐비어를 올린 감자 팬케이크 p.69

블리니 반죽(재료를 섞는다)

달걀 … 100g
삶은 감자(고운체에 내린) … 200g
사워크림 … 56g
메밀가루 … 8g
박력분 … 8g
소금 … 4g
베이킹파우더 … 3g
대파 흰 부분(잘게 썬)

로메스코 소스와 초리소를 곁들인 갈리시아풍 문어 요리 p.70

문어 밑손질

문어(2㎏)를 소금으로 주물러 씻는다. 냄비에 물을 붓고 문어, 다시마 1장, 마늘 2쪽, 타임 4술, 로즈마리 2술, 소금을 넣어 불에 올린 뒤, 끓으면 약불로 줄여서 45분 정도 삶는다. 삶은 물과 함께 그대로 식힌다. 한 입크기로 자른다.

감자 콩피

감자(메이퀸)를 마늘, 타임, 올리브오일과 함께 진공팩에 담는다. 90℃에서 1시간 정도 수비드한다. 원형틀로 찍어서 1㎝ 두께로 자른다.

로메스코 소스

토마토(2등분) … 2개
빨강 파프리카(2등분) … 1개
a | 양파, 당근, 생강 … 10g씩
스모크 파프리카파우더 … 3g
b | 셰리 비네거 … 2g
  | 아몬드파우더 … 10g
  | E.V.올리브오일 … 적당량
마늘(간) … 적당량
라임 … 적당량

1 토마토와 파프리카를 180℃ 오븐에서 15분 정도 굽는다. 토마토는 고운체에 내리고 파프리카는 잘게 썬다.

2 냄비에 **a**를 넣어 색이 변하지 않게 볶고, 파프리카파우더를 넣어 2~3분 정도 더 볶는다. **1**을 넣고 수분이 없어질 때까지 약불로 조린다. **b**를 넣고 믹서로 간다. 제공하기 직전에 간 마늘, 라임제스트와 라임즙, 소금을 넣어 간을 한다.

초리소 크림

얇게 썬 초리소와 양파를 약한 불에 볶다가, 생크림을 바특하게 넣고 1시간 동안 끓여서 믹서에 간다.

살사 베르데

허브(이탈리안 파슬리, 처빌, 타라곤, 차이브 등), 레몬껍질, E.V.올리브오일을 믹서에 넣고 갈아서 소금으로 간을 한다.

스루가만산 랑구스틴과 가리비 타르타르 p.72

소금누룩과 간즈리 페이스트

소금누룩, 간즈리, 간 마늘, E.V.올리브오일, 레몬즙을 섞는다.

히비스커스 젤리

a | 샴페인비네거 … 500g
  | 물 … 80g
그래뉴당 … 80g
b | 차즈기 … 300g
  | 히비스커스(말린) … 15g
아가아가
판젤라틴

1 **a**를 섞어서 끓이고 그래뉴당을 넣어 녹인다. 불을 끄고 **b**를 넣은 뒤, 뚜껑을 덮고 뜸을 들인다. 맛과 향이 배어들면 체에 거른다.

2 **1**(젤리의 베이스) 125g당 아가아가 2g, 판젤라틴 9g을 넣고 녹인다. 트레이 등에 얇게 붓고 식혀서 굳힌다. 원형틀로 동그랗게 찍어서 제공한다.

가리비 타르타르

가리비 관자는 살짝 데쳐서 얼음물에 담가 식힌 뒤 작게 깍둑썬다. 작게 깍둑썬 여름 채소(데친 풋콩, 래디시, 오이)와 섞고, 소금누룩 비네그레트(소금누룩, 감귤 즙과 껍질, E.V.올리브오일)를 넣어 버무린다. 원형틀을 사용해 접시에 담고, 히비스커스 젤리를 올린 뒤 차즈기 꽃이삭으로 장식한다.

고수오일

E.V.올리브오일 … 1ℓ
고수잎

오일 500㎖를 얼음 위에 올려서 차갑게 식힌다. 나머지는 120℃로 데운 뒤 고수잎을 넣는다. 잎이 살짝 익으면 차갑게 식힌 오일을 넣고 믹서로 간다. 2일 동안 서늘하고 그늘진 곳에 둔다.

부야베스 p.74

부야베스 수프

연해어 종류 … 4㎏
블루랍스터 머리 … 10마리 분량
코냑 … 750㎖
화이트와인 … 3ℓ
a 당근(깍둑썬) … 90g
양파(깍둑썬) … 90g
셀러리(깍둑썬) … 90g
펜넬(깍둑썬) … 90g
완숙 토마토(깍둑썬) … 3㎏
토마토 페이스트 … 100g
b 팔각 … 10개
아니스씨 … 1큰술
고수씨 … 1큰술
타라곤 … 3팩
월계수잎 … 6장
타임 … 10줄

1 생선을 토막 내서 오븐에 넣고 살짝 구운 색이 날 때까지 굽는다.
2 큰 냄비에 기름을 두르고 랍스터 머리를 구운 뒤 잘게 으깬다. 바닥에 육즙이 눌어붙을 때까지 중불로 볶는다. 코냑을 3번에 나눠서 붓고 끓인다. **1**을 섞는다. 화이트와인도 3번에 나눠서 넣고 끓인다.
3 다른 냄비에 **a**를 넣고 볶는다. 토마토를 넣고 다시 살짝 볶는다.
4 **2**에 **3**과 토마토 페이스트를 넣고 필요하면 미네럴 워터를 자작하게 부은 뒤 센불로 끓인다. 거품을 꼼꼼하게 걷어내고, 거품이 올라오지 않으면 약불로 줄여서 **b**를 넣고 40분 동안 끓인다.
5 불을 끄고 30분 동안 그대로 둔 뒤, 분쇄기(푸드밀)로 부수면서 거른다. 고운 체(시누아)에 내린다.

펜넬 사프란 조림

펜넬을 한입크기로 썬다. 사프란, 펜넬씨, 펜넬 부용과 함께 진공팩에 담고, 96℃로 예열한 스팀컨벡션오븐에서 20분 동안 가열한다.

아이올리 소스

달걀노른자와 올리브오일로 마요네즈를 만들고, 간 마늘과 레몬즙을 넣어 맛을 낸다.

남프랑스 시스트롱산 램랙과 풋마늘 퓌레 p.76

풋마늘 퓌레

풋마늘(100g)에 물을 아주 조금만 넣고 찌듯이 익힌 뒤, 뜨거울 때 버터를 조금 넣고 믹서로 갈아 퓌레를 만든다.

말린 토마토를 넣은 하리사 (재료를 섞는다)

세미드라이 토마토(다진) … 20g
하리사 … 1큰술

안초비를 넣은 견과류 크럼블

a 헤이즐넛(로스트) … 30g
아몬드(로스트) … 30g
빵가루(구운) … 20g
버터 … 40g
안초비 페이스트 … 1큰술
타프나드* … 20g
레몬껍질(깎은) … 1개

* 블랙올리브, 케이퍼, 안초비, 올리브오일을 믹서에 넣고 갈아서 만든 페이스트.

레몬으로 맛을 낸 쥐 다뇨

쥐 다뇨(새끼양 육즙소스) … 50㎖
설탕 … 1큰술
레몬즙 … 적당량
버터 … 적당량

작은 냄비에 설탕과 레몬즙을 넣어 가스트리크(설탕과 식초를 캐러멜처럼 농축시킨 뒤 물이나 와인, 육수 등의 액체를 넣어 끓인 새콤달콤한 소스)를 만든다. 쥐 다뇨를 넣고 살짝 졸인 뒤, 마무리로 버터를 더해 윤기를 낸다. 소금, 후추로 간을 한다.

피치멜바 p.78

견과류 갈레트 반죽

박력분 … 200g
베이킹파우더 … 8g
a 그래뉴당 … 15g
달걀 … 50g
아카시아꿀 … 8g
우유 … 200g(+정수물)
b 발효버터 … 400g
카소나드 … 400g
카마르그 소금 … 7.5g
아몬드파우더 … 450g
박력분 … 425g
헤이즐넛 캐러멜라이즈

1 가루 종류(체에 쳐서 섞은)에 **a**를 섞어서 넣고 1시간 정도 그대로 둔다.
2 **b**를 섞어서 소보로 상태로 만든다. 160℃ 오븐에서 굽는다.
3 굽기 직전에 **1** 30g, **2** 40g, 헤이즐넛 캐러멜라이즈 30g을 섞어서 원형틀에 넣는다.

바닐라맛 플랑

a 우유 … 180g
달걀 … 48g
그래뉴당 … 40g
커스터드파우더 … 20g
옥수수전분 … 4g
버터 … 20g
키르슈 … 20g

a로 커스터드 크림을 만든다. 버터와 키르슈를 넣고 체에 내린다. 지름 5㎝ 원형틀에 35g을 넣고, 180℃ 오븐에서 18~20분 굽는다.

백도 콩포트

백도(껍질 제거)
a 화이트와인 … 500g
정수물 … 500g
그래뉴당 … 150g
트레할로스 … 50g
레몬즙 … 15g
레몬 버베나(생) … 2g

a로 시럽을 만들고 버베나를 넣어 향이 배어들게 한 뒤 체에 걸러서 식힌다. 백도와 함께 진공팩에 넣고 80℃로 가열한다(과육이 부드러우면 마리네이드만 하기도 한다).

아시야 베이코트 클럽

호텔 & 스파 리조트「지기 뎃판야키」

Ashiya Baycourt Club Hotel & Spa Resort "Zigi Teppanyaki"

효고·아시야

매달 새로운 스토리를 만들어
단골 고객의 기대에 부응한다

일본에서 전국적으로 리조트 호텔을 운영하고 있는 리조트 트러스트(주). 베이코트 클럽을 비롯하여 엑시브, 더 카할라 호텔 & 리조트 등의 브랜드를 갖고 있으며, 수많은 철판구이 레스토랑 시설을 보유하고 있는데, 그중에서도 가장 인기가 많은 곳이 아시야 베이코트 클럽 호텔 & 스파 리조트이다. 고급 주택가 가까이에 있는 요트 항구에 위치한, 호화 여객선을 본떠서 만든 전 객실 스위트룸의 회원제 호텔이다.

철판구이를 제공하는 곳은「일본요리 지기〔時宜〕」안에 있는 카운터 2개의 16석. 기본 코스는 14,300엔부터 4개의 코스가 있는데, 단골 손님에게 인기가 있는 것은 기념일에 적합한 39,600엔 코스와 매달 다른 주제를 선보이는 55,000엔의「타블 드 셰프」코스이다. 타블 드 셰프는 연간 스케줄을 미리 공지하는데, 예를 들면「7월 / 여름의 미각과 세계 3대 진미(트러플 · 푸아그라 · 캐비어)」,「9월 / 가을의 미각과 일본 3대 와규(고베 · 마쓰자카 · 오미)」등 산해진미를 즐길 수 있다. 또한 10월에는 1일 1팀 한정의 11만엔짜리 특별 코스가 있는데, 오구라 다이스케 셰프가 전담해서 솜씨를 발휘한다. 그래서 예약은 10월분부터 마감된다고 한다.

「국내외의 미식에 익숙한 부유층에게 감동을 주기 위해서는, 최고급 식재료를 준비하는 것은 물론 항상 조리와 서비스의 혁신을 추구해야 합니다」라고 오구라 셰프는 말한다. 수비드, 숯불, 철판의 3단계로 익히는「OGURA」스테이크와 철판에 구운 해산물로 부야베스를 만드는 등 프렌치요리의 기법을 도입한 것도 혁신의 하나이다. 또한 얼음조각 전국대회 우승 실력을 살려서 얼음조각으로 디저트를 꾸미거나, OHP 필름에 그림을 그려서 접시에 깔고 돌아갈 때 선물하는 등, 요리 이외의 연출에도 심혈을 기울이고 있다.

또한 본사에서는 평소에도 각 매장의 젊은 스태프를 위한 작업지도, 사내 철판구이 콩쿠르 등 철판구이의 질을 높이기 위한 시스템을 구축하고 있다.

兵庫県芦屋市海洋町14-1
0797-25-2222(대표전화)
https://baycourt.jp/ashiya/

이달의 타블 드 셰프 「프랑스 향토요리와 고베 비프」

Chef's table "French local cuisine & KOBE beef"

01

샴페인 소스를 곁들인 「알마스 캐비어」,
붉바리 & 채소 플레이트
Almas caviar, vegetables plate
& halibut fish, champagne sauce

02

푸아그라 푸알레와
서프라이즈 트러플
Pan-fried foie gras with surprise truffle

03

오스피스 드 본으로 향을 낸
뵈프 부르기뇽
"Bœuf bourgignon" flavoured
Hospices de Beaune

04

세토우치해 해산물로 만든
부야베스
"Bouillabaisse"
-seafood from SETOUCHI Sea-

05

아메리칸 소스를 뿌린
블루랍스터 철판구이
Blue lobster TEPPANYAKI
with armorican sauce

06

머랭 그라니테
Meringue granite

07

육쪽마늘칩과 발사믹 소스를 뿌린 마늘콩피
Garlic chips, garlic confit
with balsamic sauce

08

「최우수 고베규」 안심 철판구이와
설로인 OGURA 스테이크
KOBE beef 2 style: fillet TEPPANYAKI,
sirloin "Ogura Steak"

09

카탈루냐 스타일 파에야
Paella Catalane

10

나만의 크레이프
Crêpe, ã ma façon

요리_ 오구라 다이스케

교토 출신. 호텔 닛코오사카를 거쳐 호텔 그란비아 교토의 프렌치와 이탈리안, 「뎃판야키 고잔보」의 주방장을 역임하였다. 프랑스 코냑 지방 「레스토랑 뮤코」의 주방장을 거쳐, 2018년부터 「지기 뎃판야키」의 셰프를 맡고 있다. 사단법인 일본철판구이협회 인정사범.

Presentation

특별 제작한 플레이트에 그날 사용할 재료를 담아서 보여준다. 「최우수상」을 받은 고베규, 눈앞에 펼쳐진 세토우치해의 신선한 해산물과 캐비어, 트러플, 푸아그라 등 산해진미가 모두 모여 있다. 7가지 색으로 변하는 LED 소명과 드라이아이스로 연출하여 이제부터 시작될 미식여행에 대한 기대감은 높인다.

수비드한 붉바리는 담백하면서 감칠맛도 풍부하다. 알마스 캐비어의 강하고 깊은 감칠맛과 잘 어울린다.

01

샴페인 소스를 곁들인 「알마스 캐비어」, 붉바리 & 채소 플레이트

Almas caviar, vegetables plate & halibut fish, champagne sauce

황금빛으로 빛나는 알마스 캐비어는 구하기 힘든 특별한 식재료이다. 캐비어의 고급스러운 감칠맛을 시작으로 다음 요리에 대한 기대감을 끌어올린다. 먼저 그대로 한 입, 다음은 붉바리와 함께, 그리고 붉바리+채소+샴페인 소스의 조합으로 즐긴다. → p.93

구성

알마스 캐비어
붉바리
채소 플레이트
샴페인 소스

02

푸아그라 푸알레와 서프라이즈 트러플

Pan-fried foie gras with surprise truffle

미리 수비드해서 익혀둔 푸아그라를 철판에 올려 표면에 구운 색을 내고, 석쇠와 클로슈를 사용해 살짝 쪄서 속까지 따뜻하게 데운다. 곁들인 「서프라이즈 트러플」을 가르면 페리괴 소스가 흘러나온다. → p.93

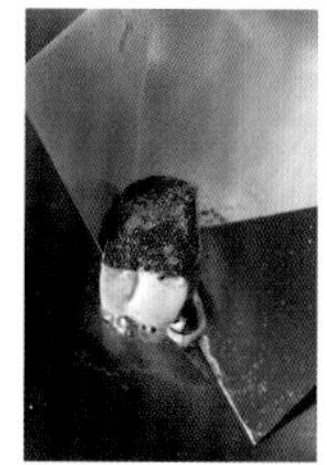

구성

푸아그라 푸알레
서프라이즈 트러플
무화과 퓌레
팽 데피스
아마란스(어린잎)

무화과 퓌레와 팽 데피스를 접시에 담고 구운 푸아그라를 올린다. 뜨거운 서프라이즈 트러플과 아마란스의 어린잎을 곁들인다.

03

오스피스 드 본으로 향을 낸 뵈프 부르기뇽

"Bœuf bourgignon" flavoured Hospices de Beaune

부르고뉴 지방의 향토요리인 「뵈프 부르기뇽(소고기 레드와인조림)」을 우설로 만들었다. 호텔에서 대량 구입한 고급 와인 오스피스 드 본을 넣고, 6시간에 걸쳐 부드럽게 완성하였다. 코스 전반부터 레드와인을 즐길 수 있는, 향긋하고 부드러운 식감의 고기요리. → p.93

구성

우설 조림
오스피스 드 본 소스
감자 퓌레
잎채소 샐러드

우설, 감자, 소스가 담긴 냄비를 철판에서 데운 뒤, 손님 앞에서 접시에 담는다. 에스플레트 고춧가루를 뿌리고, 샐러드를 올린다.

04

세토우치해 해산물로 만든 부야베스

"Bouillabaisse" -seafood from SETOUCHI Sea-

신선한 세토우치해의 해산물을 각각 철판에 굽고, 부야베스 수프에 넣어 살짝 끓인다. 여러 가지 해산물을 다듬고 굽는 모습을 직접 보는 재미가 있다. 3번째 요리를 제공한 뒤 바로 조리를 시작하기 때문에, 입으로는 요리를 맛보면서 눈으로는 철판 극장을 즐길 수 있다. → p.94

구성

쏨뱅이	활전복
성대	말린 상어지느러미(불려서 삶은)
아카시[明石]산 도미	부야베스 수프
아카시산 문어 다리	포카치아칩
개조개	허브 샐러드

각각의 해산물을 골고루 담고 구운 도미 껍질, 아이올리 소스를 바른 포카치아칩, 허브 샐러드를 올린다.

1

철판에 석쇠를 놓고 전복을 올린 뒤, 물을 조금 붓고 클로슈를 덮어 30초 정도 찐다. 전복살과 껍데기를 분리한다.

6

갈릭오일을 두르고 굽는다. 중간에 1번 뒤집는다. 반으로 잘라 따로 덜어놓는다.

11

쏨뱅이와 성대도 같은 방법으로 처음에는 미트 프레스를 올리고 굽는다.

2
200℃ 철판에 내장이 아래로 가게 올려서 굽는다. 분리한 껍데기를 바로 덮어준다.

3
내장을 구우면서 전복살을 찌는 과정(약 30초).

4
덮어둔 껍데기를 벗기고 구우면서 칼로 내장을 분리한다. 전복살과 내장을 모두 작게 잘라서 따로 덜어놓는다.

5
개조개(한쪽 껍데기 제거)와 버터를 철판에 올린다. 살을 분리해 녹은 버터 위에 올린다.

7
갈릭오일을 두르고 문어 다리를 올려서 굽는다. 살짝 구워지면(약 40초) 뒤집고, 다시 살짝 구워서 4등분한다.

8
상어지느러미를 철판에 올린다. 구운 색이 나면 뒤집고, 다시 구워서 2등분한다.

9
도미는 껍질쪽이 아래로 가게 올려서 2분 30초 정도 굽는다(껍질이 휘지 않도록 처음에는 미트 프레스를 올려서 굽다가 중간에 뺀다). 껍질을 벗긴다.

10
껍질쪽 살이 아래로 가게 놓고, 다시 1분 구운 뒤 뒤집는다. 4등분해서 따로 덜어놓는다. 껍질은 뒤집어서 오일을 조금 뿌린 뒤 저온 위치에서 천천히 굽는다.

12
껍질쪽이 노릇하게 구워지면 뒤집어서 살을 살짝 굽는다.

13
껍질쪽이 아래로 가게 뒤집어서 4등분한다. 이 과정에서는 살짝만 익힌다(수프에 넣고 끓이기 때문에 해산물은 모두 살짝만 익힌다).

14
해산물에 소금을 뿌려서 밑간을 한다. 수프를 담은 냄비를 데우고, 전복 껍데기, 생선, 개조개를 넣는다. 전복살을 위에 올린다.

15
수프가 끓으면 전복 껍데기를 꺼내고 문어 다리와 상어지느러미를 넣는다. 뚜껑을 덮고 한소끔 끓여서 제공한다.

집게발은 주방에서 베녜로 만든다. 꼬리와 2등분한 머리는 철판 위에서 살짝 찐 다음, 꼬리는 살을 발라서 버터를 두르고 굽는다. 머리 위에 집게발 다릿살을 얹고 E.V.올리브오일을 뿌린 뒤, 뚜껑이 있는 훈연냄비에 넣어서 1분 30초 동안 훈연한다.

05

아메리칸 소스를 뿌린 블루랍스터 철판구이

Blue lobster TEPPANYAKI with armorican sauce

랍스터 꼬리부분은 철판에 굽고, 머리와 집게발 다릿살은 숯불로 내장을 훈연하면서 굽는다. 집게발은 데쳐서 베녜(달콤한 반죽을 입혀 튀긴 것)를 만든다. 부위별로 요리하고 완성 타이밍을 맞춰서 각각의 맛을 최대한 잘 살리는 것이 포인트. 브르타뉴의 전통 소스인 아메리칸 소스를 곁들인다. → p.94

구성

활블루랍스터(브르타뉴산) 철판구이, 숯불구이, 베녜
아메리칸 소스
허브새싹 샐러드
레드와인 소금

06

머랭 그라니테

Meringue granite

스시에 곁들이는 「가리(생강초절임)」 느낌으로 만든 입가심용 그라니테. 생강을 사용하지 않았지만 생강 향이 나는 것이 특징이다. 고베규를 맛있게 먹기 위한 특별 메뉴. → p.94

구운 머랭을 부숴서 차갑게 식힌 허브차와 함께 얼린 뒤, 파코젯으로 간다. 레몬 제스트를 뿌린다.

07

육쪽마늘칩과 발사믹 소스를 뿌린 마늘콩피

Garlic chips, garlic confit with balsamic sauce

메인인 고기요리를 내기 직전에 제공하는 마늘칩은, 실제로는 코스가 시작되고 철판 온도가 아직 낮을 때 만든다. 마늘에 색이 나기 전에 반씩 나눠서 한쪽에만 달콤한 발사믹 소스를 뿌리면, 2가지 맛을 즐길 수 있다. → p.94

1

마늘 슬라이스(물에 헹궈서 키친타월로 물기 제거)를 150~ 160℃ 철판에 올린다.

2

마늘 분량의 3배 정도 되는 홍화유를 넣고, 주걱으로 섞으면서 천천히 볶는다.

3

부드러워지면 1/2 분량을 작은 냄비에 옮겨 담는다. 나중에 **5**에서 거른 기름의 1/2 분량을 붓고, 철판 가장자리에서 5분 정도 끓인 뒤 달콤한 발사믹 소스를 뿌린다.

4

나머지 절반은 계속 볶아서 노릇하게 만든다.

5

구운 색이 진해지기 전에 체에 건진다(남은 열로 익기 때문). 소금을 뿌린다.

식사 전에 마늘을 좋아하는지 손님의 취향을 확인하여 양을 조절한다. 손님이 바로 맛보기를 원하면 제공하고, 부족한 분량은 새로 만든다.

08

「최우수 고베규」 안심 철판구이와 설로인 OGURA 스테이크

KOBE beef 2 style: fillet TEPPANYAKI, sirloin "Ogura Steak"

안심은 철판에 정성껏 구워서 촉촉하게 완성한다. 설로인은 미리 44℃에서 20분 동안 수비드하고, 손님 앞에서 숯불로 익혀 고소하게 마무리한다. 2가지 조리방법으로 부위별 특성을 잘 살려서, 최고급 와규의 감칠맛과 향, 식감을 만끽할 수 있다. → p.95

1

안심(두께 2.5㎝)의 양면에 소금, 후추를 살짝 뿌리고, 갈릭오일을 조금 두른 철판(210~220℃)에 올린다.

2

1분 30초~2분 정도 지나면 뒤집고, 반대쪽도 같은 시간 동안 구워서 고르게 익힌다.

3

설로인(두께 3㎝)에 꼬치를 꽂고 양면에 소금, 후추를 살짝 뿌린다. **2**의 안심을 뒤집을 때 설로인을 훈연냄비에 넣고 뚜껑을 덮어 30초 동안 훈연한다.

4

뚜껑을 열고 고기를 뒤집는다. 다시 뚜껑을 덮어 30초 동안 훈연한다. 꼬치를 꺼낸다.

5

2가지 고기를 모두 석쇠에 올리고, 설로인의 꼬치를 제거한다.

6

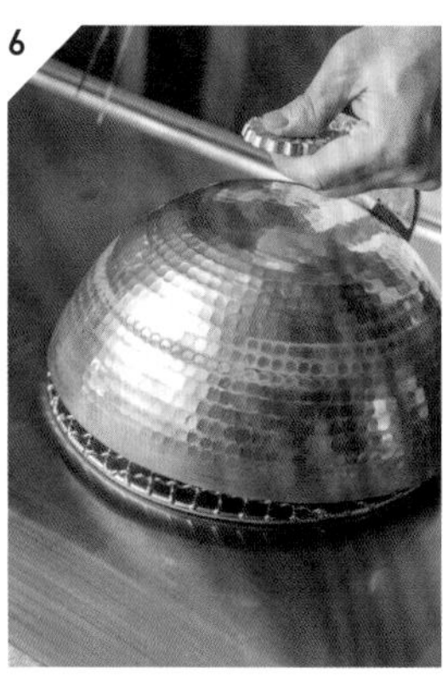

클로슈를 덮고 철판의 저온 위치에서 휴지시킨다. 시간은 익히는 정도에 따라 조절하는데, 2~3분 정도가 알맞다.

7

얇게 썬 식빵을 동그랗게 찍어서 접시에 올린다. 피란 소금, 굵게 간 검은 후추, 양파 슬라이스를 함께 곁들인다.

8

안심과 설로인을 모두 철판의 고온 위치로 옮겨서 재빨리 데운 뒤, 다시 저온 위치로 옮겨서 자른다. 빵 위에 올린다.

구성

고베규 안심 … 40g
고베규 설로인 … 40g
피란 소금*
굵게 간(8분할) 검은 후추
양파 슬라이스
참마를 끼운 식빵

* 슬로베니아 피란 염전에서 채취한 고급 소금.

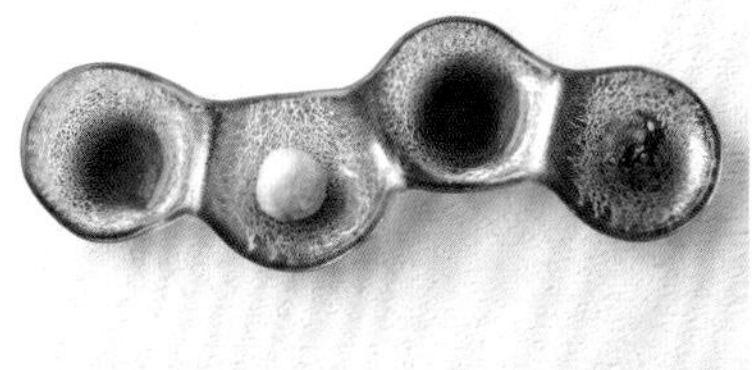

안심과 설로인을 접시에 담는다. 따로 곁들이는 양념은 폰즈, 고추냉이, 마늘간장, 풋고추 미소된장.

9

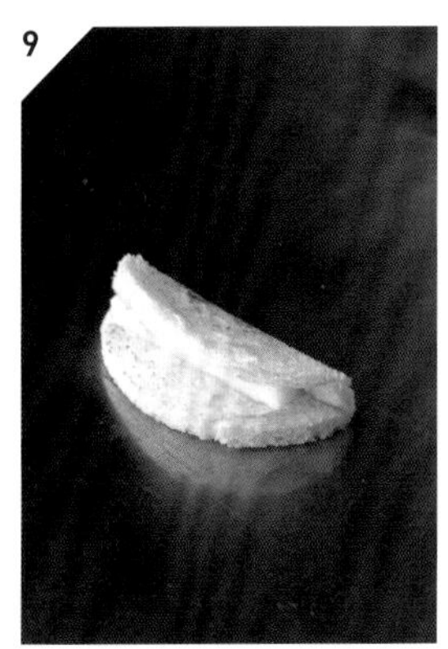

고기를 다 먹으면 육즙이 배어든 빵을 다시 철판에 올려 굽는다. 사이에 참마를 넣고 참깨 소스를 뿌려서 접는다.

철판구이에서는 고기 밑에 깔았던 빵을 다시 구워서 제공하는 경우가 많다. 육즙의 향과 참마의 아삭함을 함께 즐길 수 있다.

양념은 차이브, 스다치, 연어알 소금절임. 마늘칩은 오차즈케에 넣어서 즐긴다.

09

카탈루냐 스타일 파에야

Paella Catalane

카마르그 쌀과 카마르그 소금으로 만든, 카탈루냐 스타일 돌솥 파에야. 파에야의 밥을 조금 덜어 철판 위에서 누룽지 갈레트를 만든다. ① 그대로, ② 양념을 넣고, ③ 마늘칩과 함께 오차즈케로, ④ 원하는 방법 등으로 먹을 수 있다. → p.95

구성

파에야
누룽지 갈레트
오차즈케 국물
양념과 마늘칩

철판 위에 올린 크레이프 팬에 반죽을 부어 굽는다. 볼륨이 있어 보이지만 폭신한 무스로 가볍다.

10

나만의 크레이프

Crêpe, ā ma façon

눈앞에서 크레이프를 구워 즉석에서 케이크 모양으로 조립한다. 먹는 사람이 필름을 벗기면, 폭신한 무스가 흘러내리면서 돔모양이 된다. → p.95

구성

딸기 & 바나나 크레이프
딸기 에스푸마
프로마주 블랑 에스푸마
커스터드 크림
초콜릿 소스
딸기칩과 파우더
민트
금박

recipes

샴페인 소스를 곁들인 「알마스 캐비어」, 붉바리 & 채소 플레이트 p.84

붉바리 & 채소 플레이트

붉바리
뿌리채소류(홍심무, 노랑 당근, 보라 당근, 키오자 비트 등)
잎채소류, 식용꽃, 딜 꽃
셰리 비네그레트
칼라만시 비네그레트

1. 붉바리를 손질해 한입크기로 슬라이스하고, 소금을 살짝 뿌려 진공팩에 넣는다. 52℃에서 8분 동안 수비드한다.
2. 뿌리채소 슬라이스는 셰리 비네그레트로, 잎채소류는 칼라만시 비네그레트로 버무린다.
3. 보기 좋게 접시에 담는다.

샴페인 소스

에샬로트(다진) … 150g
a | 샴페인 … 500㎖
  | 월계수잎 … 1장
  | 타임 … 1줄
푸메 드 푸아송(생선육수) … 500㎖
생크림(유지방 38%) … 1ℓ
버터
레몬즙

에샬로트에 소금을 뿌린 뒤 버터를 두르고 볶는다. **a**를 넣고 졸이다가 푸메 드 푸아송을 넣고 계속 졸인다. 생크림과 버터를 넣고 졸인 뒤 레몬즙으로 맛을 낸다.

푸아그라 푸알레와 서프라이즈 트러플 p.85

푸아그라 밑손질

푸아그라 … 1㎏
a | 소금 … 10g
  | 후추 … 2g
  | 그래뉴당 … 2g
  | 화이트 포트와인 … 60㎖
  | 코냑 … 30㎖

푸아그라를 **a**와 함께 진공팩에 넣고, 44℃에서 15분 동안 수비드한다.

페리괴 소스

a | 루비 포트와인 … 300㎖
  | 마데이라주 … 200㎖
트러플(다진) … 30g
코냑 … 50㎖
퐁 드 보(송아지 육수 / 졸인) … 600㎖
버터 … 적당량
소금, 후추

1. **a**를 1/5로 줄어들 때까지 졸인다.
2. 버터를 두르고 트러플을 볶다가 코냑을 넣는다. **1**과 퐁 드 보를 넣고 계속 졸이다가 버터를 넣어서 윤기를 낸다. 소금, 후추로 간을 한다.

서프라이즈 트러플

페리괴 소스
닭고기 무스(닭가슴살, 달걀흰자, 소금)
a | 박력분, 달걀, 트러플 빵가루*

* 빵가루에 트러플 껍질 등을 다져서 섞은 것.

1. 트러플모양의 실리콘틀에 페리괴 소스를 부어 냉동한다.
2. 틀을 제거하고 그 위에 닭고기 무스를 얇게 발라서 냉동한다.
3. **a**를 순서대로 묻혀서 180℃ 기름에 튀긴다. 제공할 때는 130℃ 오븐에서 10분 동안 가열한다.

무화과 퓌레

무화과를 버터로 소테하고 믹서로 갈아서 고운체에 내린다.

오스피스 드 본으로 향을 낸 뵈프 부르기뇽 p.85

우설조림

우설
a | 레드와인(오스피스 드 본) … 1.5ℓ
  | 양파, 당근, 셀러리, 마늘, 타임, 월계수잎 … 적당량씩
퐁 드 보 … 2ℓ
박력분, 소금, 후추

1. 우설 무게의 0.9%의 소금을 뿌려서 배어들게 한다. **a**와 함께 진공팩에 넣고 하룻밤 절인다.
2. 우설을 꺼내서 박력분을 묻히고, 프라이팬에 올려 구운 색을 낸다.
3. **1**에서 남은 국물을 가열해서 알코올을 날리고, 퐁 드 보를 넣는다. **2**를 넣고 90℃로 예열한 스팀컨벡션오븐에서 6시간 가열한다.
4. 우설을 건져내고 조림국물은 체에 걸러서 간을 한다. 우설을 다시 국물에 넣고 하룻밤 재운다.

오스피스 드 본 소스

레드와인(오스피스 드 본) … 500㎖
레드와인 비네거 … 50㎖
a | 루비 포트와인 … 200㎖
  | 마데이라주 … 100㎖
우설조림의 국물 … 500㎖
소금, 후추

1. 레드와인 비네거를 수분이 없어질 때까지 졸이고, **a**를 넣어 1/3로 줄어들 때까지 계속 졸인 뒤, 레드와인을 넣고 다시 1/3로 줄어들 때까지 졸인다.
2. 우설조림의 국물을 300㎖로 줄어들 때까지 졸인 뒤, **1**에 섞어서 좀 더 졸인다.

감자 퓌레

감자를 삶아 물기를 제거하고 포슬포슬하게 분을 낸 뒤 고운체에 내린다. 우유와 버터를 넣어서 섞고 소금, 후추로 간을 한다.

세토우치해 해산물로 만든 부야베스 p.86

말린 상어지느러미 밑손질

말린 상어지느러미를 불려서 찐 뒤, 비린내를 제거하기 위해, 청주, 생강, 대파를 넣고 삶는다.

부야베스 수프

생선뼈 … 1㎏
마늘 … 3쪽
a 양파(작게 깍둑썬) … 1개
당근(작게 깍둑썬) … 1/2개
셀러리(작게 깍둑썬) … 2줄기
펜넬(작게 깍둑썬) … 1/2개
b 토마토 … 2개
홀토마토(캔) … 200g
월계수잎 … 2장
타임 … 2줄
화이트와인 … 300㎖
파스티스(펜넬향이 나는 술) … 100㎖
아메리칸 니반다시* … 2ℓ
사프란 … 적당량
E.V.올리브오일

* 아메리칸 소스를 만들고 남은 건더기에 다시 물을 넣고 끓여서 우린 육수.

1 생선뼈를 오븐에(200℃ 15분 + 130℃ 30분) 넣어 건조시킨다.
2 큰 냄비에 올리브오일과 마늘을 넣고 가열한 뒤 **a**를 넣고 볶는다. 향이 나면 **1**과 **b**, 아메리칸 니반다시를 넣고 센 불로 단숨에 끓인다. 불순물을 걷어내고 약불로 15분 정도 끓여서 체에 거른다.
3 **2**를 반으로 줄어들 때까지 졸인다. 사프란, 소금, 후추, E.V.올리브오일로 맛을 낸 뒤 고운체에 내린다.

포카치아칩

우유에 삶은 마늘, 달걀노른자, 머스터드, 화이트와인 비네거, E.V.올리브오일을 고속 믹서에 넣고 갈아서 아이올리 소스를 만든다. 구운 포카치아 슬라이스에 바른다.

아메리칸 소스를 뿌린 블루랍스터 철판구이 p.88

아메리칸 소스

블루랍스터(토막 낸) … 2㎏
마늘 … 2쪽
코냑 … 50㎖
a 양파(깍둑썬) … 1/2개
당근(깍둑썬) … 1/3개
셀러리(깍둑썬) … 1줄
토마토 페이스트 … 50㎖
화이트와인 … 100㎖
b 월계수잎, 타라곤, 타임
토마토(잘게 썬) … 1개 분량
물 … 2ℓ
올리브오일

1 마늘을 볶아서 향을 낸 올리브오일로 랍스터를 볶는다.
2 육즙이 눌어붙어 냄비 바닥이 갈색으로 변하기 시작하면, 코냑을 넣어 플랑베한다. **a**를 넣고 다시 볶은 뒤 토마토 페이스트를 넣어 섞는다. 화이트와인을 부어 냄비 바닥에 눌어붙은 감칠맛 성분을 녹여내고, **b**를 넣어 20분 정도 끓인다.
3 체에 거른 뒤 간을 맞추면서 졸인다.

랍스터 집게발 베녜

랍스터 집게발
a 달걀노른자 … 2개
박력분 … 100g
탄산수 … 100㎖
식용유 … 15㎖
소금 … 조금
b 달걀흰자 … 2개 분량
소금 … 조금
타라곤, 처빌

1 **a**를 섞어서 냉장고에 넣고 30분 동안 휴지시킨다. **b**를 휘핑한 뒤 **a**의 반죽에 넣고, 허브도 다져서 넣고 섞는다.
2 삶은 랍스터 집게발에 **1**을 입혀서 기름에 튀긴다.

머랭 그라니테 p.88

그라니테

a 달걀흰자 … 400g
그래뉴당 … 800g
럼주 … 적당량
b 물 … 2ℓ
로즈메리 … 2줄
민트잎 … 8장
레몬그라스잎 … 4장

1 **a**로 머랭을 만들고 럼주를 넣어 섞는다. 실리콘 패드에 넓게 펴고 140℃ 오븐에서 40~60분 정도 굽는다. 푸드 프로세서로 갈아서 가루를 만든다.
2 **b**의 물을 끓여서 허브를 넣고 10분 동안 차를 우린 뒤, 종이필터로 걸러서 식힌다.
3 **1**과 **2**를 파코젯 비이커에 넣고 섞어서 냉동한 뒤 기계로 간다.

육쪽마늘칩과 발사믹 소스를 뿌린 마늘 콩피 p.89

달콤한 발사믹 소스

맛술 … 400㎖
설탕 … 50g
다마리 간장(맛간장) … 200㎖
고이구치 간장 … 50㎖
마늘(후쿠치 화이트 품종 / 슬라이스) … 150g
발사믹 식초 … 10㎖
다시마 … 가로세로 20㎝ 1장

맛술을 끓여서 알코올을 날린 뒤, 다른 재료를 모두 섞어서 최대한 약한 불로 3시간 동안 끓인다. 다시마를 건져내고 고속믹서로 갈아서 식힌다. 냉장고에 하룻밤 두고 맛이 어우러지게 한다.

「최우수 고베규」 안심 철판구이와 설로인 OGURA 스테이크

p.90

폰즈

간장 … 1ℓ
맛술 … 300㎖
감귤즙(유자 : 가보스 : 스다치 = 2 : 1 : 1) … 200㎖
가쓰오부시 … 3줌
다시마 … 15g
양조식초 … 200㎖

마늘간장

고이구치 간장 … 1.5ℓ
맛술(끓여서 알코올을 날린) … 360㎖
마늘(슬라이스) … 100g
양파(슬라이스) … 100g
쥐 드 뵈프(소고기 육즙소스) … 1ℓ

풋고추 미소된장

a | 아카미소(쌀) … 100g
설탕 … 20g
대파(구워서 다진) … 5g
풋고추(다진) … 5g
가쓰오부시(깎은) … 1줌
참깨 … 5g

b | 무, 오이, 땅찌만가닥버섯, 고사리, 소금에 절인 생강 … 5g씩
고추 … 5g
시로미소(쌀) … 100g
설탕 … 10g
간장 … 30㎖
술지게미 … 10g
소금 … 3g

a를 섞은 것과 **b**를 섞어서 만든 채소된장절임을 10 : 3의 비율로 섞는다.

참깨 소스

참깨 페이스트 … 100g
고이구치 간장 … 75㎖
사탕수수설탕 … 5g
고베규 부용 … 20㎖

카탈루냐 스타일 파에야 p.92

파에야

홍합 … 4개

a | 에샬로트(다진) … 5g
화이트와인 … 5㎖
조개 부용 … 5㎖

b | 양파(다진) … 35g
마늘(다진) … 9g

돼지고기 목심(1㎝ 깍둑썬) … 100g
닭다리살(1㎝ 깍둑썬) … 50g
초리소(1㎝ 깍둑썬) … 30g
한치(둥글게 썬) … 200g

c | 토마토 … 50g
에스플레트 고춧가루 … 적당량
파프리카(빨강·노랑·초록/막대모양으로 썬) … 1/3개씩

블랙타이거(홍다리얼룩새우) … 4마리

d | 화이트와인 … 75㎖
월계수잎 … 1/2장

e | 카마르그 소금 … 조금
사프란 … 적당량
퐁 드 볼라유(닭육수) … 250㎖

카마르그 쌀 … 200g
꽃게살(찐) … 1마리 분량
완두콩(그린 피스 / 데친)

1. 냄비에 **a**와 홍합을 넣고 끓인다. 입이 벌어지면 건져낸다. **b**를 볶고 돼지고기 목심, 닭다리살, 초리소, 한치를 넣고 소금, 후추를 뿌린다. **c**를 넣고 계속 볶은 뒤, 파프리카는 일단 접시에 덜어 놓는다.
2. 블랙타이거와 **d**를 넣고 알코올을 날린 뒤, **e**와 **1**에서 홍합을 끓인 국물을 넣고 끓인다. 끓으면 해산물은 건져낸다.
3. 쌀을 넣고 센불로 5분 정도 끓인 뒤, 약불로 줄이고 12분 정도 가열해서 밥을 짓는다. 게살을 넣고 섞는다.
4. 230℃로 달군 돌솥에 **3**을 넣고 홍합, **2**의 해산물, **1**의 파프리카, 데친 완두콩을 올린다.

오차즈케 국물

맑은 육수(가쓰오부시와 다시마) … 600㎖
소금 … 조금
맛술 … 적당량
우스구치 간장 … 적당량

나만의 크레이프 p.92

크레이프

a | 달걀 … 2개
상백당 … 35g

박력분 … 75g
우유 … 250㎖
버터 … 15g

1. **a**를 잘 저어서 섞은 뒤 박력분과 우유를 순서대로 넣고 섞는다.
2. 버터를 끓여서 태우고 **1**에 넣어 섞은 뒤, 30분 동안 휴지시킨다.
3. 프라이팬에 버터(분량 외)를 녹이고 **2**를 얇게 부어 양면을 굽는다.

조립(만드는 방법은 생략)

크레이프

a | 딸기(자른)
바나나(자른)

b | 커스터드크림
초콜릿 소스

c | 딸기 에스푸마
프로마주 블랑 에스푸마

d | 딸기칩
딸기파우더

민트잎
금박

1. 돔모양 틀에 구운 크레이프를 깔고, **a**와 **b**를 올린다. 접어서 반구모양을 만든다.
2. **1**을 접시에 담고 원통모양으로 둥글게 만 필름을 씌운다.
3. 필름 속에 **c**를 순서대로 짜서 넣고 **d**를 올린 뒤, 민트잎과 금박으로 장식한다.

고하쿠 치보 도라노몬

Kohaku Chibo Toranomon

도쿄·도라노몬

음식의 다양성에 따라 식물성 식재료로 구성한 코스

옛날 싸움터에서 도요토미 히데요시의 위치를 알리던 표식인 센나리뵤탄〔千成びょうたん〕에서 이름을 딴 오코노미야키 전문점「치보〔千房〕」. 1973년 오사카 센니치마에에서 개업해, 지금은 가맹점을 포함해 국내외에 77개의 점포를 갖고 있는 거대한 체인점이다.

원조인「베이직 스타일」과 다양한 창작 철판요리를 선보이는「엘레강스」, 고급 스테이크하우스「프레지던트」라는 3가지 라인이 있으며, 2020년에 오픈한 도라노몬 힐즈 비즈니스 타워에 있는「고하쿠 치보 도라노몬」은 프레지던트의 플래그숍이다. L자를 뒤집은 모양의 철판 카운터 8석과 반원형 철판이 있는 개인실 6석이 쿨한 모노톤으로 꾸며져 있다.

디너의 3가지 코스 중 특히 눈길을 끄는 것이 중간 가격대인 18,500엔의 하리〔玻璃〕 코스인데, 철판구이집에서는 아직 보기 드문 베지테리언을 위한 코스이다. 채소는 모두 유기농 채소를 사용하며, 유제품은 두유나 비건 치즈로 대체하고, 달걀은 사용하지 않는다. 철판에서 굽거나 찌는 요리와 주방에서 준비해 손님 앞에서 완성하는 차가운 무스 등으로 구성되어 있다. 치보에서 빼놓을 수 없는 오코노미야키는 달걀 없이 어떻게 본래의 식감에 가깝게 만들 수 있을까 연구한 끝에, 대두와 참마가루를 사용하여 완성하였다. 이것이 간판메뉴인「베지터블 오코노미야키」이다.「같은 철판으로 고기도 굽기 때문에 종교상의 엄격한 요구까지 수용하기는 어렵지만, 관대한 베지테리언이나 고기도 좋아하지만 오늘은 채소에 도전해보고싶다는 단골고객들에게 호평을 받고 있습니다」라는 것이 하라 다카노리 점장의 설명이다. 코로나19가 정리되면 외국인 여행객들도 많이 찾을 것으로 기대하고 있다.

치보 매장 중에서 베지터블 오코노미야키를 제공하는 곳은 고하쿠뿐이지만, 냉동식품 파트에서는 글루텐 프리 오코노미야키를 온라인으로 판매하고 있다. 또한 일본의 유명한 식품회사 마루코메와 콜라보레이션하여 대두가루와 누룩감주를 사용한 과일 오코노미야키를 타이완에서 판매하는 등, 웰빙 시장을 겨냥한 상품개발에 힘을 쏟고 있다.「철판구이＝고기, 부침요리＝서민적인 오코노미야키」라고는 말할 수 없는 시대가 되었다.

東京都港区虎ノ門1-17-1
虎ノ門ヒルズ ビジネスタワー3F
03-6457-9740
www.chibo.com

베지테리언을 위한 하리[玻璃]코스

Vegetarian course

01

토마토 소르베를 올린
빨강 파프리카 냉수프
Tomato sorbet with cold red-bell-pepper soup

02

눈앞에서 완성하는
유기농 채소 플레이트
Assorted organic vegetables

03

살짝 훈연한 유기농 제철채소
Light smoked seosonal vegetables

04

베지터블 파르페
Vegetable parfait-style

05

2가지 색의 유기농 채소 수프
Organic vegetable soup

06

감자와 토마토의 마리아주
Pâte-brick: potato and tomato

07

핫사쿠 그라니테
HASSAKU orange granita

08

카르타파타로 싸서 익힌 제철채소
Carta-fata: organic vegetables

09

베지터블 오코노미야키
Vegetable OKONOMIYAKI

10

망고푸딩
Mango pudding

11

무화과 캐러멜라이즈
Caramelized figs

12

티케이크
Tea cakes

요리_ 하라 다카노리

히로시마현 출신. 도쿄의 일본요리점을 거쳐 2005년에 치보(주)에 입사했다. 오사카의 3개 매장에서 경험을 쌓고, 도쿄의 히로오와 에비스 점에서 점장으로 일했다. 2020년 6월, 현 매장 개업 때부터 점장을 맡고 있다.

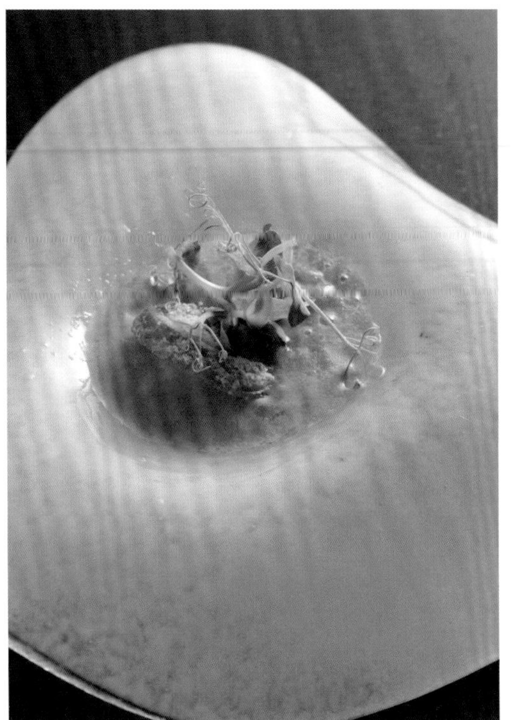

아삭아삭한 얼음 토마토를 섞으면서 먹으면 수프의 맛이 변한다. 크루통 대신 토마토 칩을 올린다.

01

토마토 소르베를 올린 빨강 파프리카 냉수프

Tomato sorbet with cold red-bell-pepper soup

첫 번째 접시는 「구운 양파+양파 퓌레」, 「쑥갓 퓌레와 쿠스쿠스+토마토 에스푸마」 등과 같이 1~2가지 채소로 만든 심플한 구성으로 준비한다. → p.105

구성

빨강 파프리카 냉수프
토마토 소르베
토마토 칩
피 텐드릴(완두 넝쿨손)

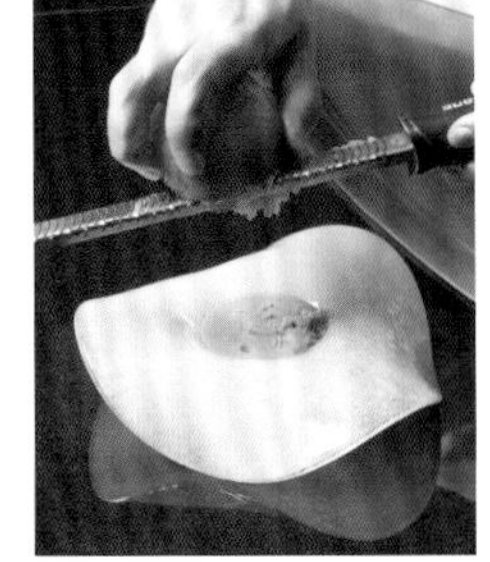

살짝 데쳐서 껍질을 벗기고 통째로 얼린 토마토를, 손님 앞에서 직접 갈아서 뿌린다.

비트, 검정 당근, 검정 무, 붉은 무, 표고 등 10가지 이상의 채소로 만든다. 마리네이드에는 달지 않은 다시마 식초 등을 사용한다.

02

눈앞에서 완성하는 유기농 채소 플레이트

Assorted organic vegetables

채소 콩피와 마리네이드, 잎채소 샐러드, 비트 퓌레는 주방에서 접시에 담아 준비하고, 나머지는 철판에 구워서 완성한다. 철판 위에 나무를 덧댄 도마를 놓고 채소를 자르는 모습부터 보여준다. 클로슈를 덮어 찌듯이 구운 뒤 칼로 자른다. 구운 채소를 접시에 올리고 토마토 드레싱을 곁들인다. → p.105

구성

각종 채소의 철판구이, 콩피, 마리네이드
잎채소 샐러드
비트 퓌레
토마토 드레싱

03

살짝 훈연한 유기농 제철채소

Light smoked seosonal vegetables

채소를 철판에 굽는, 늘 똑같은 과정에 변화를 준 요리. 그날 들어온 채소를 바구니에 담아 보여주고, 취향에 따라 고르게 한다. 완성된 요리는 대나무 찜기에 담아 제공하는데, 뚜껑을 열면 연기가 피어오르는 것이 포인트.

구성

각종 채소의 철판구이
무(간)
훈제소금
투명간장

1

채소를 손님에게 보여주고 취향껏 고르게 한다. 가짓수를 제한하지는 않지만 보통 4~5가지 정도.

2

양파 등 익는 데 시간이 걸리는 것부터 철판에 올려 굽는다. 물을 붓고 클로슈를 덮어 찌듯이 굽는다.

3

사각찜기 하단에 연기가 나는 벚나무 훈연칩을 넣고, 상단의 찜기를 올린다.

4

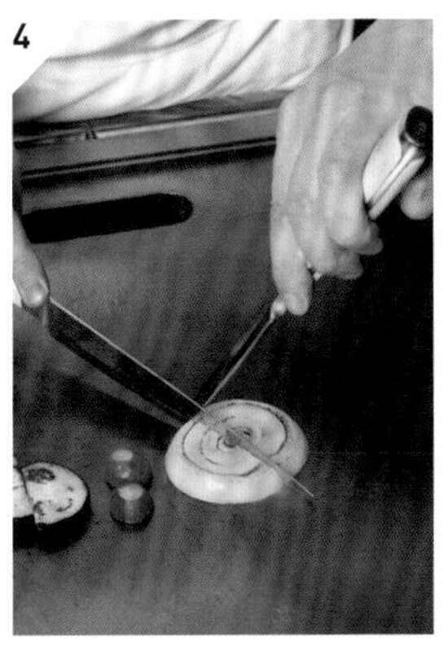

채소를 중간에 1번 뒤집어서 양면이 보기 좋게 구워지면, 먹기 좋은 크기로 썰어 소금을 살짝 뿌린다. 찜기 상단에 담는다.

양파, 가지, 아마나가 도가라시, 래디시. 곁들인 투명간장은 물처럼 보이지만 향과 맛은 간장이어서 손님들이 재미있어 한다.

그릇에 무스를 담고 여러 가지 채소칩과 새싹채소를 올린다. 고구마나 가지로 응용할 수도 있다.

04

베지터블 파르페

Vegetable parfait-style

파르페이지만 채소만으로 만들고, 게다가 따뜻하다는 의외성을 노린 메뉴. 베지테리언 코스가 아닌 경우에는 여기에 푸아그라 철판구이를 곁들이는데, 손님들에게 인기가 많다. → p.105

구성

당근 무스
각종 채소칩(기름에 튀긴)
새싹채소

작은 냄비에 당근 무스를 넣고 철판 위에서 데운다.

05

2가지 색의 유기농 채소 수프

Organic vegetable soup

철판을 사용하지 않는 요리는 마무리 동작으로 시선을 끈다. 2가지 수프가 섞이지 않도록 동시에 붓는 장면은, 영상으로 찍는 손님이 있을 정도로 반응이 좋다. 완두콩과 햇양파 외에도 당근 & 순무, 단호박 & 토마토, 감자 & 파프리카 등을 사용할 수 있다. → p.105

구성

완두콩(그린 피스) 수프
햇양파 수프

손님 앞에서 2가지 수프를 동시에 조심스럽게 붓는다.

두유 베이스의 완두콩 수프와 채소육수 베이스의 햇양파 수프. 차갑게 또는 따뜻하게 제공할 수 있다.

06

감자와 토마토의 마리아주

Pâte-brick: potato and tomato

부드러운 식감의 요리가 이어진 뒤에는, 아삭아삭한 식감과 진한 맛의 메뉴를 제공한다. 농축된 감칠맛이 있는 토마토 소스를 감싼 파테 브릭을, 철판에서 튀기듯이 굽는다. → p.105

구운 파테 브릭을 주걱으로 누르고, 다른 주걱을 사용해 앞에서 뒤로 어슷하게 자른다. 도피누아즈와 함께 접시에 담고 새싹채소를 올린다.

구성

파테 브릭*
토마토 소스
도피누아즈**
새싹채소

* 튀니지의 전통음식 브릭에 사용하는 얇은 반죽.
** 프랑스 도피네 지방의 향토 요리. 감자, 치즈, 우유 등으로 만든 그라탱.

1

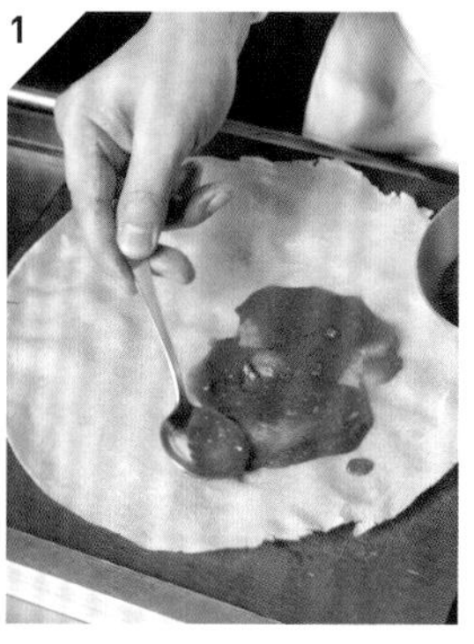

파테 브릭에 토마토소스를 발라서 원통모양으로 돌돌 만다. 일단 냉동실에 넣어 굳힌다.

2

철판에 E.V.올리브오일을 넉넉히 두르고 파테 브릭을 올려 돌려가며 3분 동안 구운 뒤, 철판의 기름을 제거하고 2분 정도 더 굽는다.

3

두유를 넣고 끓인 감자(p.105 참조)를 철판에서 데운다. 비건 치즈를 올리고 표면을 토치로 굽는다.

07

핫사쿠 그라니테

HASSAKU citrus granita

입가심으로는 과일 그라니테가 정석이다. 핫사쿠(귤의 일종) 외에도 블러드 오렌지, 레몬, 라임, 사과 등을 사용한다. 가끔은 바질 젤라토를 내기도 한다. → p.105

그라니테를 스푼으로 긁어서 칠보무늬 에도키리코(에도 말기에 만든 커트 글라스)에 담는다.

카르타파타를 열고 트러플오일과 깎은 트러플을 뿌려 향을 낸다. 채소 종류는 계절에 따라 달라진다.

08

카르타파타로 싸서 익힌 제철채소

Carta-fata: organic vegetables

카르타파타(내열쿠킹포일)에 일정한 크기로 자른 채소와 부용, E.V.올리브오일을 넣고 묶어서 가열한다. 익으면서 볼록하게 부풀어 오르는 모습을 볼 수 있다.

구성

각종 채소
채소 부용(p.105 2가지 색의 유기농 채소 수프 참조)
트러플오일
트러플

09

베지터블 오코노미야키

Vegetable OKONOMIYAKI

마무리는 오코노미야키 또는 리소토 중에서 선택한다. 베지테리언 코스의 오코노미야키는 대두가루와 참마가루를 넣은 반죽으로 만들며, 당연히 달걀과 고기는 사용하지 않는다. 제공할 타이밍을 계산해서 15분 정도 굽는다. → p.105

1

반죽에 채썬 양배추를 섞는다. 양배추는 곱게 채썰어야 골고루 잘 섞인다.

2

E.V.올리브오일을 두른 철판(200℃)에 올린다. 지름 11㎝ 정도가 1인분 크기.

3

3분 정도 구워서 뒤집고, 가장자리는 주걱으로 모양을 정리한다.

4

주걱을 밑으로 넣어 익은 정도를 확인한다.

5

속까지 완전히 익히기 위해 4번 정도 뒤집으면서 굽는다.

6

오코노미야키 소스와 달걀을 넣지 않은 마요네즈를 뿌린다. 파래가루는 특별한 향이 있는 시만토가와[四万十川] 산을 사용한다.

새싹채소를 올려서 제공한다. 일반적인 오코노미야키와는 조금 다른, 대두의 풍미가 특징이다.

10

망고푸딩

Mango pudding

달걀을 넣지 않은, 일본산 망고로 심플하게 만든 푸딩. 미야자키현산 최고급 완숙 망고 「다이요노 다미고」를 얇게 벌이시 푸딩 위에 올렸나. → p.105

망고의 사르르 녹는 식감만큼 푸딩도 부드럽다. 꿀을 넣은 토마토잼이 악센트.

11

무화과 캐러멜라이즈

Caramelized figs

차가운 디저트 다음에 제공하는 두 번째 디저트는 따뜻한 디저트. 스푼으로 시럽을 떠서 순식간에 실타래 모양의 사탕을 만드는 퍼포먼스로, 코스 끝까지 손님들을 즐겁게 해준다.

1

그래뉴당을 묻힌 무화과를 철판에서 고소하게 굽는다.

2

뜨겁게 가열한 아이소말툴로스(팔라티노스)를 스푼으로 뜬 다음, 높은 위치에서 흔들어서 뿌려 사탕을 만든다.

실타래모양으로 굳은 사탕을 두 손으로 감싸 모양을 정리한 뒤, 무화과와 함께 접시에 담는다.

12

티케이크

Tea cakes

단팥과 식물성크림, 시나몬파우더를 섞은 뒤 깍둑썬 백도를 가운데에 넣고 둥글게 뭉친 것을, 찹쌀가루에 설탕과 물엿을 넣고 반죽한 규히 시트로 감싸서 만든 한입크기의 찹쌀떡.

치보에서 사용하는 작은 오코노미야키용 주걱에 올려서 제공한다.

recipes

토마토 소르베를 올린 빨강 파프리카 냉수프 p.98

빨강 파프리카 냉수프

빨강 파프리카를 슬라이스해서, E.V.올리브오일을 두르고 부드러워질 때까지 볶는다. 믹서로 갈아 체에 거르고, 식물성크림과 물로 농도를 조절하여 식힌다.

눈앞에서 완성하는 유기농 채소 플레이트 p.98

채소 콩피

채소를 적당한 크기로 썰어서, 80℃를 유지시킨 E.V.올리브오일에 넣고 5시간 정도 가열한다. 오일과 함께 그대로 냉장보관한다. 같은 방법으로 마늘을 넣거나 정제버터를 섞은 콩피도 만들 수 있다.

토마토드레싱

토마토, 소금, 레드와인 비네거, E.V.올리브오일을 믹서에 넣고 간다.

베지터블 파르페 p.100

당근무스

양파(슬라이스) … 100g
당근(슬라이스) … 2개 분량
물 … 적당량
두유 … 조금

양파에 E.V.올리브오일을 넣고 부드러워질 때까지 볶다가, 당근을 넣고 살짝 볶는다. 물을 자작하게 붓고 부드러워질 때까지 끓여서 믹서로 간다. 체에 거른 뒤 두유를 넣고 소금으로 간을 한다.

2가지 색의 유기농 채소 수프 p.100

채소 부용

양파 300g, 당근 300g, 셀러리 150g, 리크 1줄기를 각각 슬라이스하고, 마늘(으깬) 4쪽, 토마토 1개, 화이트와인 300㎖, 물 6ℓ와 함께 냄비에 넣고 끓여서 불순물을 걷어낸다. 월계수잎, 부케가르니, 암염, 흰 통후추를 넣고 약불로 30~40분 정도 끓인다. 체에 걸러서 급냉한다. 이 부용은 p.102의 카르타파타로 싸서 익힌 제철채소에도 사용한다.

완두콩 수프

완두콩(그린 피스)이 부드러워질 때까지 소금물에 데친 뒤 고운체에 내린다. 두유와 함께 믹서로 간다. 소금으로 간을 하고 냉장고에서 차갑게 식힌다.

햇양파 수프

햇양파를 슬라이스해 E.V.올리브오일을 넣고 부드러워질 때까지 볶은 뒤, 채소 부용을 넣고 끓인다. 믹서에 갈아서 체에 거르고 두유와 소금으로 맛을 낸 뒤, 냉장고에서 차갑게 식힌다.

감자와 토마토의 마리아주 p.101

토마토 소스

E.V.올리브오일을 두르고 다진 마늘을 볶다가 다진 양파를 넣고 부드러워질 때까지 볶는다. 홀토마토를 넣고 끓여서 바질을 넣는다. 소금으로 간을 한다.

도피누아즈용 감자

E.V.올리브오일을 두르고 다진 마늘을 볶다가, 2㎝ 크기로 깍둑썬 감자(잉카노메자메)를 넣고 살짝 볶은 뒤, 두유를 부어 끓인다. 소금, 후추로 간을 한다.

핫사쿠 그라니테 p.101

핫사쿠 그라니테

a | 물 … 400㎖
  | 그래뉴당 … 300g
b | 핫사쿠 즙 … 50㎖
  | 핫사쿠 과육(잘게 다진) … 5g

a를 냄비에 넣고 끓여서 식힌다. **b**를 넣고 섞어서 냉동한다.

베지터블 오코노미야키 p.102

반죽

대두가루 … 30g
참마가루 … 10g
소금 … 적당량
E.V.올리브오일 … 20g

양배추(가늘게 채썬) … 100g

망고푸딩 p.104

망고푸딩

a | 망고(일본산 / 슬라이스) … 500g
  | 그래뉴당 … 25g
한천(르 칸텐 울트라) … 25g

a를 가열해 그래뉴당을 녹여서 믹서로 간다. 한천을 넣고 냉장고에서 식혀 굳힌다.

토마토잼

a | 토마토(뜨거운 물에 담갔다 건져서 껍질을 벗기고 다진) … 2㎏
  | 그래뉴당 … 50g
b | 꿀 … 100g
  | 한천(르 칸텐 울트라) … 30g

a를 살짝 끓여서 믹서에 갈고 **b**를 넣어서 녹인 뒤, 냉장고에서 차갑게 식힌다.

PART 03

새로운 발상의 창작요리

오코노미야키는 물론, 프렌치, 스패니시 등 다른 장르에서도 「철판」은 주목받는 콘텐츠이다. 가벼운 가격대의 철판구이 식당이나 철판 이자카야도 늘어나고 있다. 세계로 뻗어나가는 철판요리의 여러 가지 콘셉트와 아이디어가 가득한 메뉴를 소개한다.

Plancha ZURRIOLA
플란차 수리올라

도쿄·도라노몬

스패니시 철판구이는
재료 자체의 매력으로 즐긴다

유럽에서 요리를 배우던 마지막 4년 동안, 스페인의 식문화를 배운 혼다 셰프.

미슐랭 2스타 스패니시 레스토랑 「수리올라」의 캐주얼 타입 2호점. 도라노몬 힐즈의 개성있는 매장들이 즐비한 「도라노몬 요코초」에 있다.

가게 이름인 플란차는 스페인어로 철판을 의미한다. 스페인에서는 플란차가 레스토랑 주방의 기본시설이며, 「a la plancha(철판구이)」는 식문화의 하나이다. 특히 싱싱한 해산물이 많은 지역에 있는 바루(바)와 식당에서는 플란차 요리가 큰 비중을 차지한다.

오너 셰프인 혼다 세이이치가 추구하는 것은 스페인의 플란차 문화와 일본의 질 좋은 해산물과 고기, 일본식 카운터 철판구이의 조화이다. 「10년 동안 가스트로노미 레스토랑을 운영하며 얻은 가장 큰 수확은, 일본 최고의 식재료들을 알게 된 것」이라고 이야기하는 혼다 셰프. 그것들을 활용해 「심플하게 조리하고 심플하게 맛보는」 스페인 스타일로 음식을 즐기는 방법을 알려준다.

대표적인 재료는 스루가만산 아카에비. 스페인 데니아의 특산물 새우가 연상되는 깊은 맛을 현지 스타일의 「아 라 플란차」로 표현하였다. 또한 레스토랑 스타일의 레시피를 철판요리로 재해석한 요리도 선보이는데, 도구를 사용한 다양한 아이디어로 맛은 물론 만드는 과정을 보는 재미로 손님들의 눈길을 사로잡는다. 「주문이 밀려서 조금 기다리게 되어도 플란차 요리를 보고 있으면 지루하지 않고, 주위에서 가볍게 술을 한잔하던 사람들도 눈으로 함께 즐길 수 있습니다. 이런 라이브한 느낌이 스페인 바루다운 분위기를 만들어냅니다」.

가스식 철판을 L자형으로 둘러싼 카운터석 외에 테이블석도 있다. 철판요리는 제철재료를 사용한 「오늘의 추천 요리」가 메인이고, 기본적인 타파스나 쌀요리도 있다.

DATA

주소	東京都港区虎ノ門1-17-1 虎ノ門ヒルズ ビジネスタワー3F
전화	03-6550-9607
URL	https://www.toranomonhills.com/toranomonyokocho/1004.html
영업시간	평일 12:00~14:00, 17:00~23:00 주말, 공휴일 12:30~15:00, 17:00~23:00
가격	「코스」(예약제) 점심 3,835엔~ / 저녁 7,700엔~ 「스루가만 아카에비 플란차(4마리부터)」 2,112엔~

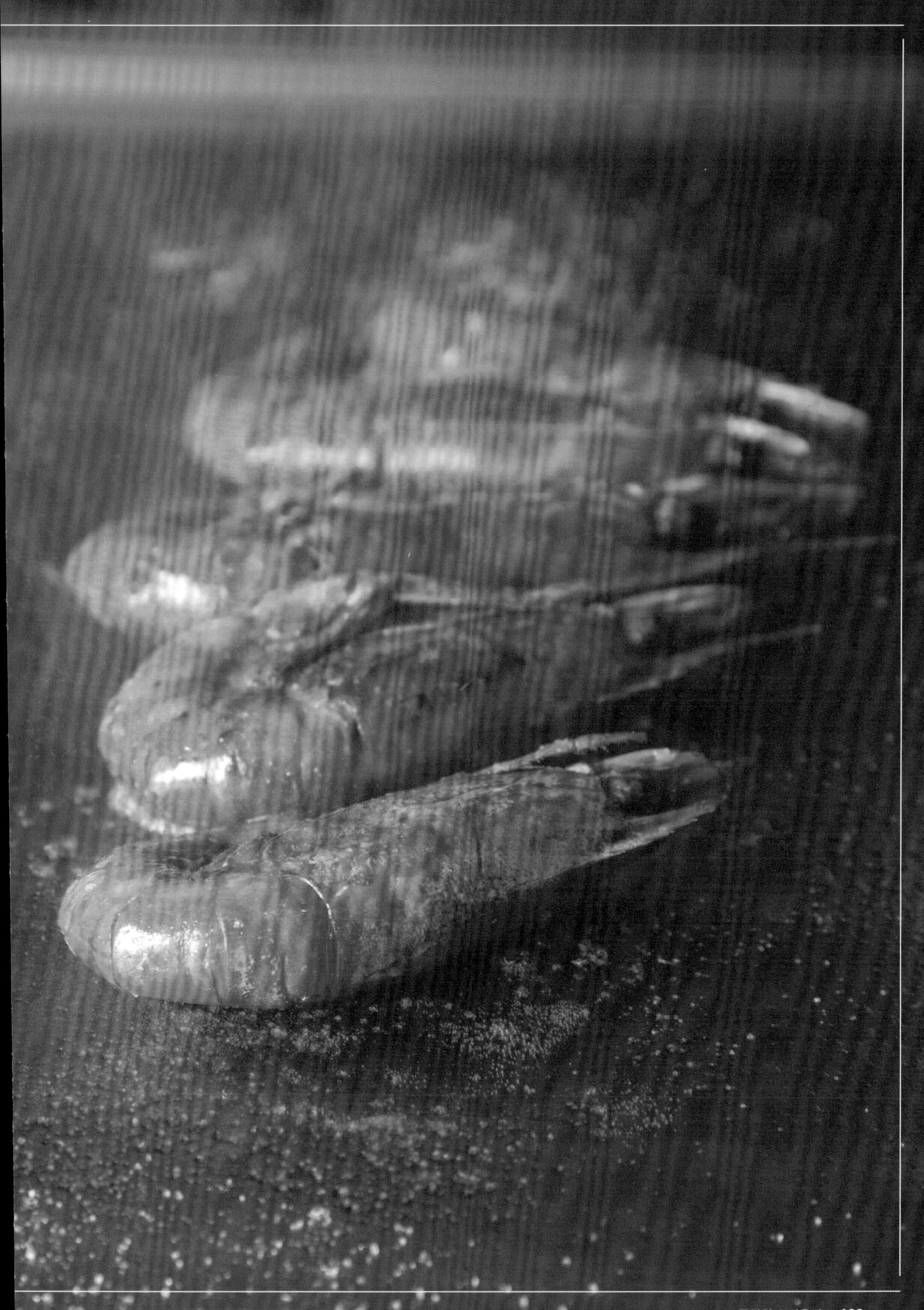

부채새우 암염구이

철판으로 소금가마구이를 만들 경우 부족한 열을 보충하기 위해 클로슈를 덮는 것이 일반적인데, 여기서는 소금가마 자체에 불을 붙여 플랑베해서 가열한다. 소금에서 불꽃이 이는 모습과 알코올의 향이, 요리를 라이브로 보는 즐거움을 한층 더 높여준다. 이렇게 하면 껍질 있는 갑각류가 촉촉하게 익는다.

재료

부채새우

암염, 달걀흰자

아몬티라도*

로메스코**

a 토마토 … 2개
마늘 … 1쪽

b 아몬드(로스트) … 25g
헤이즐넛(로스트) … 25g
뇨라(스페인산 건고추 / 불린) … 2개
셰리 비네거 … 20mℓ
올리브오일 … 100g
소금, 후추

* 달지 않은 스페인산 셰리주.

** **a**를 각각 오븐에 굽는다. **b**와 함께 푸드프로세서에 넣고 갈아서 퓌레 상태로 만든다.

1 암염(달걀흰자를 섞는다)을 철판의 고온 위치에 두껍게 깔고, 부채새우를 배가 아래로 가도록 올린다. 위에도 암염을 완전히 덮어 감싼다(**A**). 표면을 토치로 그을려서 굳힌 뒤 찌듯이 굽는다.

2 10분 정도 뒤에 **1**의 소금가마 표면에 아몬티라도를 뿌리고(**B**), 토치로 불을 붙여 플랑베한다(**C**). 5분 정도 더 굽는다.

3 소금가마를 철판에서 떼어내고 주걱으로 부셔서 새우를 꺼낸다(**D**). 먹기 좋은 크기로 껍질째 자른다.

4 소금가마 바닥의 둥글고 편평한 누룽지를 접시에 담고, 새우를 올린다. 로메스코를 곁들인다.

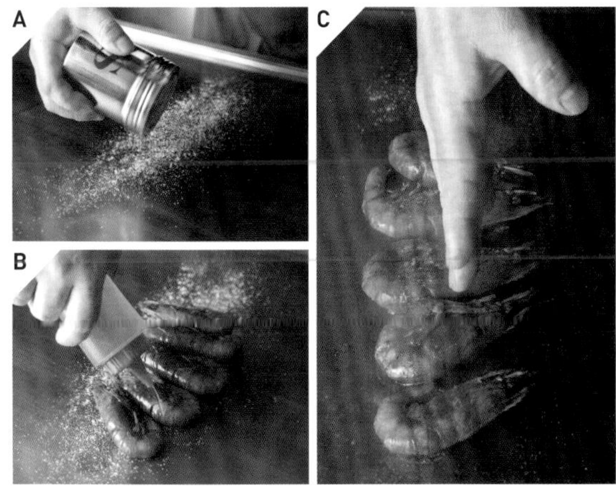

스루가만 아카에비 플란차

스페인 지중해안 지방에는 다양한 플란차 요리가 있는데, 「감바스 아 라 플란차(새우 철판구이)」가 대표적이다. 이렇게 껍질이 있는 재료를 구울 때는 소금을 철판에 직접 뿌리고 살짝 구워서 소금의 고소한 향을 살린 뒤, 그 위에 재료를 가지런히 올려서 굽는다.

재료

아카에비*

E.V.올리브오일

말돈 소금

레프리토**

마늘(다진)

이탈리안 파슬리(다진)

올리브오일

* 영어 이름은 자이언트 레드 쉬림프(Giant Red Shrimp). 심해성 새우로 짙은 붉은색을 띤다.

** 마늘과 올리브오일을 상온에서 섞어 가열한 뒤, 마늘의 수분이 빠지면 이탈리안 파슬리를 넣고 불을 끈다.

1 철판의 고온 위치에 소금을 뿌리고(**A**), 그 위에 새우를 가지런히 올린다(새우 머리가 화력이 강한 열원 위쪽으로 가게 올린다). 새우 위에 E.V.올리브오일을 뿌리고(**B**), 윗면에도 소금을 뿌린다.

2 새우가 30% 정도 익으면 뒤집는다. 이때도 새우 머리가 열원쪽으로 가게 놓는다(**C**).

3 새우살이 알맞게 익으면(굽는 데 걸리는 시간은 총 2분 정도) 접시에 담는다. 말돈 소금과 향을 내는 레프리토를 뿌린다.

순간 훈연한 캐비어와 새우 플랑

알코올과 원형틀을 이용해 살짝 훈연하여, 캐비어에 아몬티라도의 향을 은은하게 입힌다. 캐비어의 화려한 비주얼이 돋보인다.

A

B

재료

라트비아산 캐비어

다시마(물에 적셔서 닦은)

아몬티라도

민트잎

1 스테인리스 망에 다시마를 깔고 캐비어를 올린다.

2 철판 위에 원형틀을 올린다. 틀 안쪽에 아몬티라도를 적당히 붓고(**A**) 바로 **1**을 올린 뒤(**B**), 올라오는 증기로 몇 초 동안 찐다. 캐비어를 꺼내서 새우 플랑 위에 올리고 민트잎을 장식한다.

새우 플랑

새우와 생선육수* … 250mℓ

달걀 … 2개

녹말 소스

레몬껍질(깎은)

파프리카파우더

올리브오일 / 코코넛워터

소금, 후추 / 타피오카 녹말

* 새우 머리를 볶다가 볶은 향미채소를 넣고 플랑베한다. 여기에 흰살 생선 뼈와 다시마에 청주와 물을 넣고 끓인 생선육수를 부어 끓인다.

1 육수와 달걀을 섞고 소금으로 간을 한다. 코코트에 얇게 부어서 스팀컨벡션오븐으로 익힌다.

2 녹말 소스를 만든다. 올리브오일을 두르고 레몬껍질과 파프리카파우더를 넣어서 볶다가 코코넛워터, 소금, 후추를 넣고 살짝 끓인다. 타피오카 녹말을 물에 풀어서 넣고 걸쭉하게 만든다.

3 제공할 때는 **1**을 따뜻하게 데운 뒤 **2**를 붓는다.

대게 수플레

「철판으로 굽는 수플레」. 철판에 닿는 바닥 부분은 바삭하고, 위로 갈수록 스펀지 같으며, 표면은 끈적끈적. 수플레 속에는 스페인 바스크 지방의 명물요리인 「찬구로(게) 오븐구이」를 응용해서 만든, 대게 토마토 조림을 넣었다.

재료

대게 토마토 조림

대게살(삶은) … 200g

양파(갈색으로 볶은) … 50g

브랜디 … 적당량

토마토 소스 … 200g

생선육수 … 400㎖

빵가루 … 적당량

소금

수플레

박력분 … 250g

달걀 … 2개

그래뉴당 … 10g

꿀 … 10g

물 … 250㎖

소금

소스

대게 토마토 조림 국물

타피오카 녹말

소금

1 **대게 토마토 조림 :** 냄비에 갈색으로 볶은 양파를 담아 데우고, 브랜디를 넣어 플랑베한 뒤 토마토 소스와 생선육수를 넣는다. 끓으면 대게살을 잘게 풀어서 넣고 살짝 끓인다. 빵가루로 농도를 조절하고 소금으로 간을 한다.

2 **수플레 반죽 :** 달걀과 그래뉴당을 섞어서 충분히 거품을 낸 뒤 꿀과 물을 넣는다. 체에 친 박력분+소금을 넣고 섞는다. 에스푸마 사이펀에 담는다.

3 오일을 살짝 두른 철판의 중온 위치에, 안쪽 면에 오븐 페이퍼를 붙인 원형틀(지름 5㎝, 높이 3.5㎝)을 놓고, **2**를 1/3 높이까지 짠다(**A**).

4 반죽이 익어서 단단해지면(약 2분), **1**을 1스푼 정도 올리고 그 위를 다시 수플레 반죽으로 덮는다(**B**).

5 틀 옆에 얼음조각을 놓고 클로슈를 덮는다(**C**). 5분 정도 가열한다(**D**).

6 부드럽게 익으면 클로슈를 열어 틀을 제거하고(**E**) 접시에 담는다. 바닥은 바삭하게 구워진 상태이다(**F**).

7 접시에 담고 소스(대게 토마토 조림의 국물에 타피오카 녹말을 물에 풀어서 넣고 걸쭉하게 만든 것)를 끼얹는다. 취향에 따라 캐비어(재료 외)를 올려도 좋다.

훈연 오징어 소테

원형틀, 훈연칩, 클로슈가 있으면 철판 위에서 간단하게 훈연할 수 있다. 손님들은 요리를 먹으면서 눈앞에서 불꽃과 연기를 생생하게 감상할 수 있다. 철판 훈연은 문어와 가다랑어에도 활용하는 기술이다.

재료

작은 창오징어

소금

올리브오일

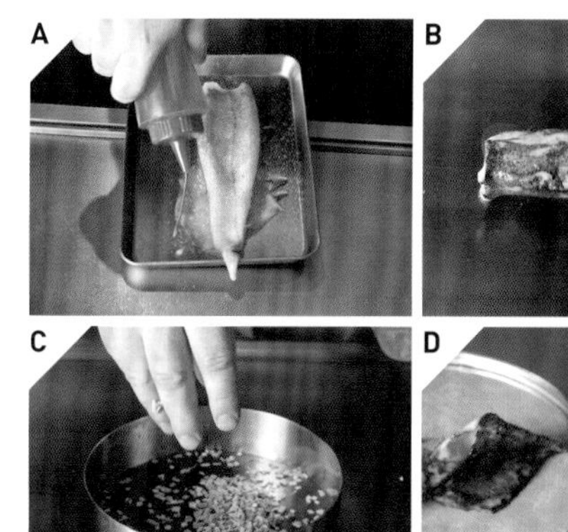

1 껍질을 벗기지 않은 오징어에 소금을 뿌리고 올리브오일을 묻힌다(**A**). 피페라드(프랑스 바스크 지방의 채소 요리)를 필요한 만큼 작은 냄비에 담아 철판에 데운다.

2 철판의 고온 위치에 **1**의 오징어를 올려서 표면에 구운 색이 나면 뒤집고, 양쪽 옆면과 지느러미 뒤쪽도 구워서(**B**) 전체적으로 구운 색을 낸다. 스테인리스 망 위에 올린다.

3 동시에 철판에 원형틀을 놓고 안쪽에 훈연칩을 넣은 뒤(**C**), 토치로 불을 붙인다(**D**). 바로 **2**를 올리고 클로슈를 덮는다. 잠시 그대로 두고(약 1분 30초) 훈연향이 살짝 배어들게 한다(**E**).

4 접시에 오징어먹물 소스를 깔고 피페라드를 담은 뒤 **3**을 올린다.

피페라드

마늘(으깬) … 2쪽

양파(슬라이스) … 4개

초록 피망(슬라이스) … 6개

피키요 페퍼(스페인산 붉은 피망 / 통조림) … 200g

올리브오일

소금, 후추

1 올리브오일을 두르고 마늘을 볶다가 양파를 넣고 볶는다. 양파가 투명해지면 초록 피망, 소금을 넣고 뚜껑을 덮어 가열한다.

2 흐물흐물해지면 피키요를 넣고 소금, 후추로 간을 한다.

오징어먹물 소스

a | 마늘(다진) … 1쪽 분량

양파(깍둑썬) … 2개

피망(네모썬) … 10개

b | 생햄뼈 … 15㎝

오징어 다리와 자투리살 … 500g

토마토 소스 … 500g

화이트와인 … 100㎖

생선육수 … 2ℓ

오징어먹물 … 3큰술

쌀 … 50g

올리브오일

소금, 후추

1 올리브오일을 두르고 **a**를 넣어서 볶다가 감칠맛이 충분히 우러나면, **b**를 넣고 살짝 끓인다. 토마토 소스와 화이트와인을 넣고, 생선육수, 오징어먹물, 쌀(걸쭉하게 만드는 용도)을 넣어서 끓인다.

2 맛이 어우러지면 불을 끈다. 뼈를 제거하고 푸드프로세서로 간다. 소금, 후추로 간을 한다.

푸아그라 푸알레

푸아그라 푸알레를 만들 때 중요한 포인트는 속을 두부처럼 부드럽게 완성하는 것이다. 그러기 위해서는 「굽기」만으로 완성하기보다는, 표면에 보기 좋게 구운 색을 낸 뒤 스팀을 더하는 것이 효과적이다. 철판으로 요리할 경우 「원형틀+얼음+클로슈」를 사용하면 보기에도 좋고 효율적으로 찔 수 있다.

A

B

C

재료

푸아그라(약 2㎝ 두께로 자른) … 1장

소금, 후추

파인애플 시럽 조림(깍둑썬) … 2조각

브리오슈 … 1조각

말돈 소금, 검은 통후추(부순)

핑크페퍼

파인애플 처트니*

에샬로트(다진) … 100g

올리브오일

a 드라이 셰리 … 50㎖
셰리 비네거 … 50㎖

b 파인애플 시럽 조림 … 400g
파인애플 시럽 조림의 시럽 … 200g

* 에샬로트를 약불로 볶아서 감칠맛을 내고, **a**를 순서대로 넣어서 끓인다. **b**를 넣고 5분 정도 끓인 뒤 푸드프로세서로 간다.

1 철판의 고온 위치에 기름을 두른다. 파인애플 시럽 조림을 올리고 모든 면에 보기 좋게 구운 색이 나도록 굽는다. 동시에 브리오슈도 굽는다.

2 푸아그라에 소금, 후추를 뿌리고 철판의 고온 위치에 올린다(**A**). 보기 좋게 구운 색이 나면 뒤집는다. 뒤집은 면에도 색이 나면 1/4로 접은 키친타월을 스테인리스 망 위에 깔고, 그 위에 올린다.

3 철판에 원형틀을 놓고 안쪽에 얼음을 1조각 넣은 뒤, 바로 **2**를 위에 올린다(**B**). 클로슈를 덮는다. 얼음 조각을 적당히 보충하면서 푸아그라를 찐다.

4 익은 것을 확인하고 푸아그라를 꺼내(**C**) 접시에 담는다. 말돈 소금과 검은 후추를 뿌린다. **1**과 파인애플 처트니를 함께 담고 핑크페퍼를 뿌린다.

토리하

토리하는 스페인 스타일의 프렌치토스트이다. 달걀을 사용하지 않는 버전으로, 철판의 안정적인 화력을 이용해 깔끔하게 굽는다.

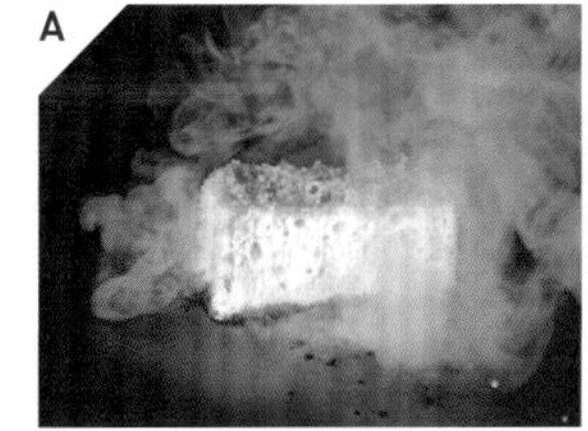

A

B

재료

브리오슈

우유 … 250㎖

a 그래뉴당 … 40g
시나몬 … 1개
레몬껍질 … 적당량
오렌지껍질 … 적당량

카소나드 … 적당량

생크림(유지방 35%) … 적당량

올리브오일

1 우유에 **a**를 넣고 섞는다.

2 브리오슈를 잘라서 **1**에 담근 뒤 아랫면에 카소나드를 묻히고, 올리브오일을 살짝 두른 철판의 고온 위치에 올린다(**A**). 윗면에도 카소나드를 뿌리고 아랫면이 캐러멜라이즈되면 뒤집는다. 양쪽 옆면도 굽는다(**B**).

3 접시에 담고 휘핑한 생크림을 곁들인다.

Teppanyaki TAKAMI

뎃판야키 다카미

도쿄·히로오

오코노미야키 기술과 창조성으로 최고를 추구한다

컵 안에 담긴 반죽을 스푼으로 툭툭 치는가 싶더니, 따라잡기 힘들 만큼 빠른 손놀림으로 컵을 돌려 반죽에 공기를 넣고 철판에 부어 굽는다. 완성되기 전부터 맛있을 것 같은 느낌이다. 손님들의 눈은 요리하는 다카미 마사카쓰 셰프의 일거수일투족을 쫓는다.

메뉴는 정통적인 부침요리와 함께 고급 일식집처럼 계절요리를 다양하게 선보이고 있다. 재료 중심의 심플한 요리로 요리 순서와 철판 사용법에 여러 가지 아이디어를 더해, 익힌 정도를 섬세하게 조절하고 비주얼도 완성도를 높였다. 흔히 보는 보통의 오코노미야키 가게가 아니어서, 국내외의 유명 셰프들이 자주 찾을 정도이다.

예를 들어 대게 고로케는 푹신한 머랭 반죽을 최소한의 오일로 튀기듯이 구운 것으로, 신조(간 생선살과 참마 등으로 완자를 만들어 찌거나 튀긴 요리)를 철판에서 만든 것처럼 매우 가벼운 느낌의 고로케이다. 유명한 다카미야키는 흔히 말하는 다코야키이지만, 반죽을 특별 제작한 틀에 부어 돌돌 마는 스타일로, 눈도 즐겁고 입도 즐겁게 해준다.

처음 일을 시작한 오코노미야키 가게 「치보」에서 이 세계를 우연히 알게된 다카미 셰프는, 곧 그 매력에 빠져들어 치보뿐 아니라 「야키야키 미와」에서도 경험을 쌓고 2004년에 독립해 이 가게를 오픈하였다. 독창적인 철판 사용법으로 주목받고 있지만, 철판구이의 기본은 손님 접대라고 단언한다. 「하나의 요리도 양념과 배합을 여러 가지로 바꾸어서 만들어봅니다. 손님에 따라 소금을 조금 줄이거나 원하는 맛으로 응용하는 등 임기응변으로 대응해요. 매뉴얼을 만들 수 없는 대화와 배려야말로 중요한 부분이라고 생각합니다」.

카운터에 3대의 가스식 철판이 있다. 「IH에 비해 다루기 어렵지만, 단번에 온도를 올릴 수 있는 것이 장점」으로, 다카미 셰프가 직접 설계하고 시타마치 철공소에서 만들었다. 현재 직원은 10명이고, 카운터 8석 외에 4~5명이 앉을 수 있는 테이블 2개, 반개인실·개인실에 테이블 5개가 있다.

가업인 미용실을 통해 어려서부터 손님 접대의 어려움과 즐거움을 동시에 경험했다는 다카미 셰프. 「접대를 중심으로 배울 수 있는 철판구이 학교를 만드는 것이 꿈」이라고 한다.

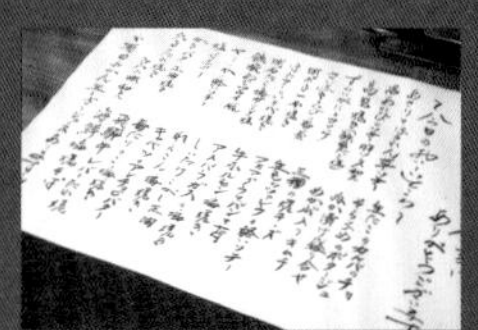

DATA

주소 東京都渋谷区広尾3-12-40 広尾ビル2F
전화 03-5766-8120
영업시간 16:00~23:00 연중무휴
가격 「코스」 9,790~20,790엔
「폭신한 대게 & 표고버섯 고로케」 1개 825엔
「초피열매를 올린 붕장어 양념구이」 1,980엔
「돼지고기 오코노미야키」 935엔

돼지고기 오코노미야키

반죽보다 양배추를 10% 정도 더 넣고 끈기가 생기지 않게 섞은 뒤, 마무리로 공기를 넣고 4번 뒤집으면서 25%씩 익혀 부드럽게 완성한다. 반죽의 배합이나 굽는 방법에서 가장 중요한 것은 감각이다. 「여러 번 만들어서 자신만의 이상적인 맛을 찾아야 한다」.

재료

오코노미야키 반죽*

a | 양배추(채썬)
  | 양파 플레이크
  | 달걀

삼겹살(얇게 썬)

달걀

유채유

돼지비계

마무리 소스

오코노미야키 소스

수제 마요네즈

토핑

가쓰오부시(깎은)

파래가루

도로 소스**

* 박력분, 간 마, 소금, 다시마와 가쓰오부시 육수를 섞는다.

** 우스터 소스를 만드는 과정에서 생긴 침전물을 이용한 소스.

1 손잡이가 달린 컵에 오코노미야키 반죽과 **a**를 넣는다. 컵을 손으로 잡고 오코노미야키용 스푼을 사용해, 반죽하지 않고 치듯이 섞어서 뭉쳐 있는 반죽을 풀어준다(**A**). 마지막으로 컵을 여러 번 돌려서, 반죽에 공기를 넣는다.

2 철판의 중불 위치에 유채유를 두르고 **1**을 붓는다. 삼겹살을 올리고 컵에 남아 있는 약간의 반죽을 살코기 부분에 발라서 단단해지지 않게 한다(**B**). 바로 반죽을 뒤집고 가장자리를 살짝 눌러서 모양을 정리한 뒤, 필요 없는 수분을 증발시키기 위해 주걱 모서리로 반죽 표면의 중심에 살짝 구멍을 낸다(**C**).

3 반죽을 부어서 굽는 6~7분 동안 총 4번 뒤집는다(**D**).

4 센불 위치에 돼지비계를 올려서 기름을 내고, 달걀을 깨서 올린 뒤 노른자를 살짝 풀어준다(**E**). 반죽을 삼겹살 면이 아래로 가도록 달걀 위에 올리고(**F**), 반죽을 돌려서 달걀이 골고루 붙게 한다.

5 달걀이 익으면 뒤집고 오코노미야키 소스와 마요네즈를 올린 뒤(**G**), 스푼 뒷면으로 넓게 편다(**H**). 가쓰오부시와 파래가루를 뿌리고 도로 소스를 조금 뿌린다.

6 철판과 연결된 보온판에 올려 제공한다(손님 수에 따라 철판 위에서 큼지막하게 잘라서 제공한다).

바지락 & 양배추 볶음

봄 한정 메뉴. 바지락과 양배추를 찌듯이 굽는데, 바지락 껍질이 열리기 시작하는 타이밍을 놓치면 안 된다. 냄비로는 만들 수 없는, 철판이어서 가능한 촉촉하고 레어한 식감이 특징이다.

재료

바지락

양배추(듬성듬성 썬)

a | E.V.올리브오일
마늘(간)
이탈리안 파슬리(다진)

E.V.올리브오일

레몬즙

1 철판의 중간 약불 위치에 바지락을 올리고 양배추를 소복이 얹는다(**A**).

2 **1** 옆에 **a**를 순서대로 올려서 뜨겁게 가열하고(**B**), 중간중간 주걱으로 섞어서 고소한 갈릭 소스를 만든다.

3 **2**를 **1**에 뿌리고(**C**) 물을 조금 부은 뒤 클로슈를 덮는다(**D**).

4 40초~1분 정도 쪄서 바지락 껍질이 살짝 열린 상태가 되면 클로슈를 연다(**E**). 양배추의 맛을 보고 싱거우면 소금으로 간을 맞춘 뒤 바로 접시에 담는다.

5 E.V.올리브오일과 레몬즙을 조금씩 뿌린다.

폭신한 대게 &
표고버섯 고로케

이름은 고로케이지만 「에비신조(새우완자)를 철판으로 만들고 싶다」는 생각에서 만들게 된 요리이다. 빵가루를 살짝 묻힌 표면은 고소하고, 입에 넣으면 사르르 녹는다. 다카미의 스테디셀러.

재료

달걀흰자
대게살(삶아서 풀어놓은)
표고버섯(다진)
파드득나물(다진)
빵가루(고운)
유채유, 소금

1. 달걀흰자를 휘핑해 머랭을 만들고, 대게살, 표고버섯, 파드득나물을 섞는다. 손바닥만한 크기로 살짝 뭉친 뒤 빵가루를 묻힌다(**A**).
2. 철판의 중불 위치에 유채유를 넉넉히 두른다. **1**을 올려 주걱으로 직육면체모양으로 정리한다(**B**). 중간중간 주걱으로 옆면을 눌러주고, 바닥면에 구운 색이 나면 90도를 돌려 다른 면을 굽는다(**C**). 온도를 고르게 만들기 위해 중간에 옆으로 퍼지는 기름을 주걱으로 모으고, 그 기름 위로 반죽을 옮겨 1면에 10초 정도씩 6면을 굽는다.
3. 약불 위치로 옮겨서(**D**) 1분 정도 구워 마무리한다. 그동안 고로케에서 기름이 배어나오면 놓는 위치와 닿는 면을 바꾸고, 기름은 주걱으로 제거하는 작업을 반복한다. 소금을 살짝 뿌려 접시에 담는다.

다카미야키

다카미의 오리지널 스타일 다코야키. 특별 제작한 손잡이가 달린 틀을 사용하고, 고소한 향, 부드러운 정도, 재료의 어우러짐을 계산한 모양과 마는 방법으로 완성한다. 튀김 부스러기보다 향이 강한 양파 플레이크를 사용하고, 맛간장과 오코노미야키 소스로 2가지 맛을 낸다.

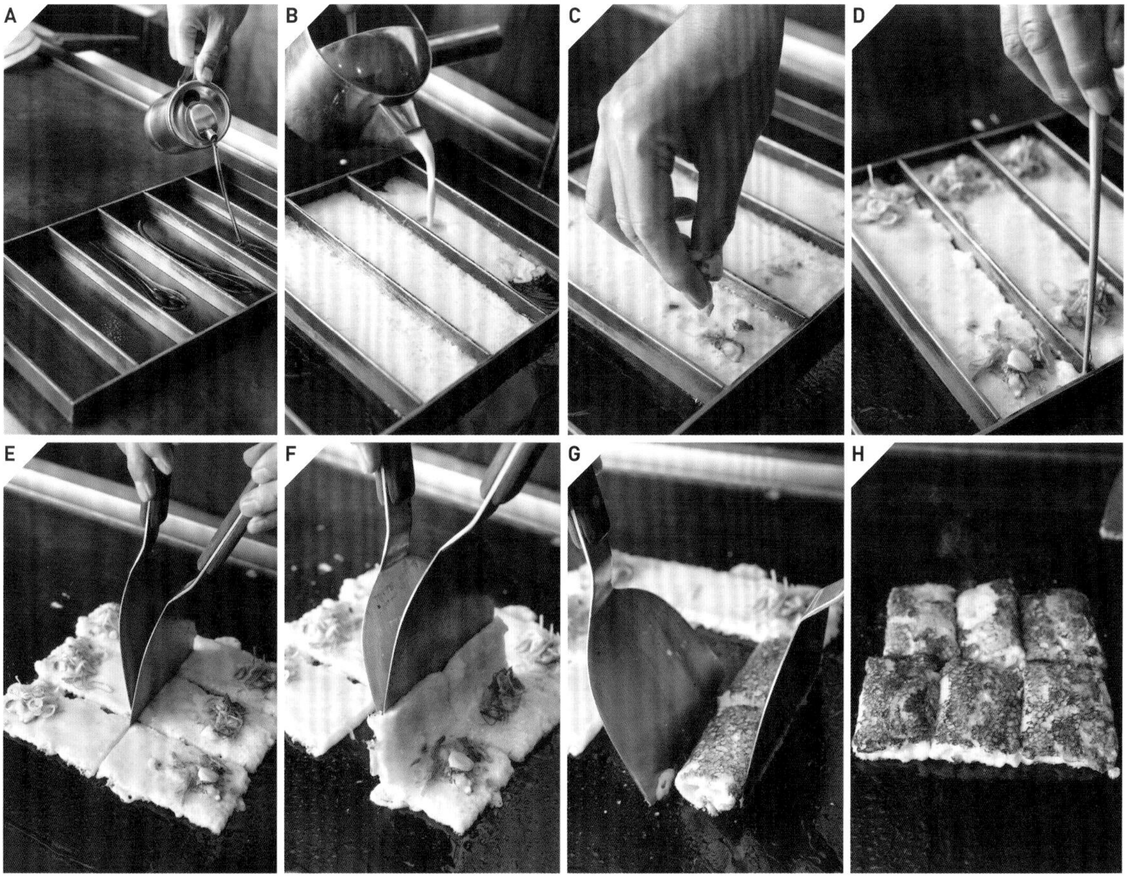

A B C D E F G H

재료

아카시야키 반죽*

생문어(아카시산/잘게 썬)

a | 분홍 생강 초절임
 | 양파 플레이크
 | 구조파(잘게 썬)

유채유

마무리 양념

맛간장

오코노미야키 소스

수제 마요네즈

토핑

가쓰오부시(깎은)

파래가루

* 박력분, 밀전분, 달걀, 다시마와 가쓰오부시 육수를 묽게 섞은 반죽. 아카시야키는 효고현 아카시시의 향토요리로, 달걀과 밀전분을 넣어 매우 부드럽다.

1 철판의 중간 센불 위치에 전용틀을 놓고 유채유를 넉넉히 두른 뒤(**A**), 틀을 움직여 오일이 골고루 퍼지게 한다.

2 아카시야키 반죽을 골고루 섞어서 **1**의 틀에 높이의 1/2만 차도록 붓는다(**B**). 문어와 **a**를 각각 틀 양끝에 올린다(**C**). 곧바로 반죽과 틀 사이에 젓가락을 꽂아 1바퀴 돌리고(**D**), 틀을 제거한다.

3 주걱 2개를 반죽 가운데에 세운 뒤, 1개는 고정한 상태에서 다른 1개로 반죽을 톡톡 찍어서 자른다(**E**).

4 자른 부분에 주걱을 넣고 반죽의 1/3 정도를 문어가 있는쪽으로 접은 뒤(**F**), 굴려서 나머지 1/3을 덮는다(**G**).

5 반죽을 가지런히 놓고 1면을 30초 정도씩 구운 뒤(**H**) 접시에 담는다. 1/2은 솔로 맛간장을 바르고, 나머지 1/2은 오코노미야키 소스와 마요네즈를 뿌린다. 양쪽 모두 가쓰오부시와 파래가루를 뿌려서 마무리한다.

재료

삼겹살(얇게 썬)
양배추(듬성듬성 썬)
숙주
중화면(짬뽕용)
수금, 검은 후추

a 오리지널 우스터 소스
돈가스 소스
도로 소스
마늘 페이스트

다시마와 가쓰오부시 육수

b 리앤페린 소스
식초
소금
맛간장
갈릭오일
야키소바 소스

c 가쓰오부시(깎은)
파래가루
검은 후추
분홍 생강 초절임

돼지고기 볶음국수

살짝 두껍지만 가벼운 느낌의 짬뽕면을 사용한다. 여러 가지 양념을 따로 넣어서 향을 살린다. 넣을 때마다 맛을 보고 조절하므로 정해진 배합은 없다.

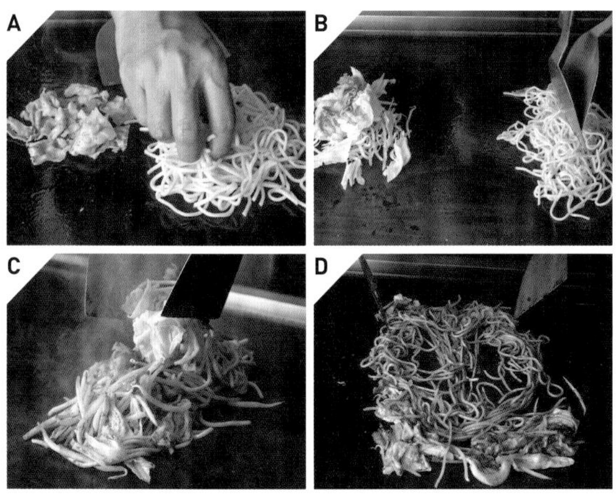

1 철판의 중불 위치에 삼겹살을 올린 뒤 소금과 검은 후추를 뿌린다. 뒤집어서 주걱으로 작게 자른다.
2 삼겹살을 옆으로 살짝 밀어놓고, 고기에서 배어나온 기름 위에 중화면을 펼쳐서 올린다(**A**).
3 다른 위치에 양배추와 숙주를 놓고 그 위에 구운 삼겹살의 2/3 분량을 올린다.
4 나머지 1/3은 면에 섞고, 주걱으로 밑에서 위로 뒤집으면서 골고루 익힌다(**B**).
5 **4**를 모아서 **3** 위에 올린다. **a**를 각각 적당량씩 뿌리고 육수를 40㎖ 정도 붓는다. 주걱으로 밑에서 위로 뒤집으면서, 소스가 전체적으로 잘 섞이게 한다(**C**). 맛을 보고 **b**를 적당히 넣어 간을 한다(철판에 소스가 묻어나기 때문에 그만큼 더해주는 정도).
6 마지막으로 눌어붙은 자국이 없는 철판으로 면을 옮겨서 펼쳐놓은 뒤, 중간 센불로 필요 없는 수분을 날리고 면의 표면을 살짝 태워 향을 더한다(**D**).
7 접시에 담고 **c**를 올린다.

초피열매를 올린 붕장어 양념구이

찐 붕장어의 부드러움과는 전혀 다른 탱글탱글한 식감이 특징이다. 생붕장어를 볶으면서 달콤한 양념으로 맛을 내고, 초피열매의 맛과 향을 더한다. 홍살치나 빛금눈돔도 같은 방법으로 요리할 수 있다.

재료

붕장어(밑손질한 뒤 갈라서 한입크기로 썬)
초피열매 미소된장절임
생선양념*
유채유
초피가루

* 간장, 청주, 맛술, 설탕을 섞어서 졸인 것.

1 철판의 중간 약불 위치에 붕장어를 껍질이 아래로 가게 올린다(**A**). 약불 위치에 초피열매 미소된장절임을 올린다(**B**).
2 붕장어에 생선양념을 두르고(**C**), 유채유를 살짝 뿌린 뒤 버무리면서 볶는다. 철판에 양념이 눌어붙기 시작하면(**D**) 접시에 담는다.
3 초피열매에도 생선양념을 살짝 뿌린 뒤 붕장어 위에 올린다. 초피가루를 뿌린다.

구운 치즈 3종

치즈는 약불로 구우면 굳지 않고 녹아버리기 때문에, 살짝 센불로 겉은 바삭하고 속은 촉촉하게 완성한다. 오코노미야키 반죽을 얇게 구운 뒤 치즈를 올려서 감싸는 토르티야 스타일로 만들어도 좋다.

재료

하바티 치즈*
아이리시 포터 치즈**
카망베르
발사믹 소스***
검은 후추
E.V.올리브오일
와일드 루콜라
레몬즙

* 우유로 만든 덴마크산 세미하드 치즈.
** 아일랜드산 포터 흑맥주를 넣은 치즈.
*** 발사믹 식초와 꿀을 섞어서 졸인다.

1. 철판의 중간 센불 위치에 알맞은 크기로 자른 3가지 치즈를 올려서 굽는다(**A**). 발사믹 소스를 작은 냄비에 담아 철판 가장자리의 따뜻한 곳에 올려둔다.
2. 치즈의 한쪽 면이 익으면, 하바티는 가장자리부터 작은 주걱으로 둥글게 만다(**B**). 카망베르는 뒤집고, 아이리시 포터는 반으로 접는다(**C**).
3. 접시에 **2**를 담고 카망베르에는 발사믹 소스를 끼얹는다. 검은 후추와 E.V.올리브오일을 뿌린다. 와일드 루콜라를 곁들이고 레몬즙을 뿌린다.

A
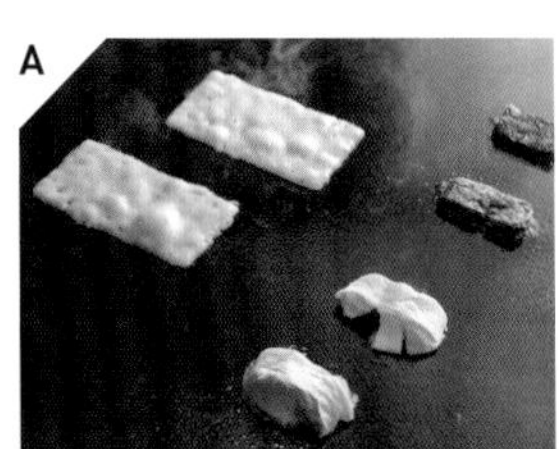

B
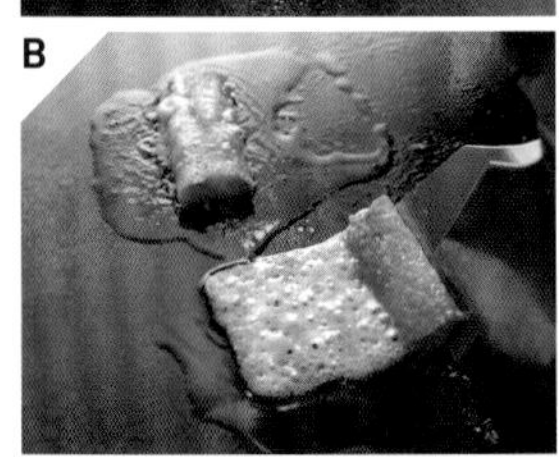

C
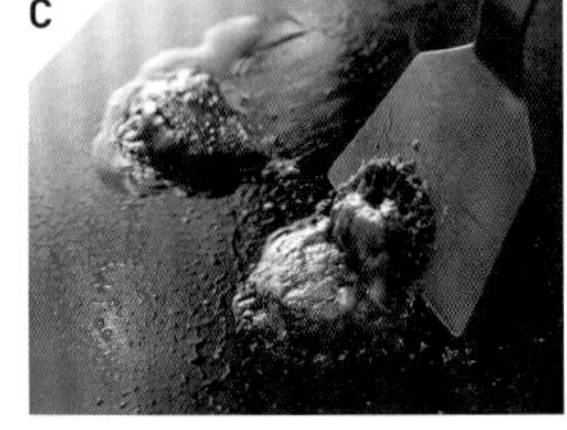

팥앙금말이

반죽에 소금을 뿌려서 단맛과 짠맛이 대비되게 한다. 단팥은 지나치게 뜨거우면 먹기 힘들기 때문에, 살짝 데우는 정도면 충분하다. 원하는 대로 어슷하게 또는 똑바로 자른다. 딸기 대신 포도를 사용할 때는 반죽 속에 넣지 않고 입가심용으로 곁들인다.

재료(1접시 분량)

단팥앙금 … 60g

찹쌀 새알심(냉동 제품을 뜨거운 물로 해동) … 4개

딸기(4등분) … 1개

소금

맛차 반죽*(아래 비율로 섞는다)

쌀가루 … 1

박력분 … 1

슈거파우더 … 0.5

맛차가루 … 0.5

물 … 3

1 철판의 중간 약불 위치에 앙금과 새알심을 올린다. 새알심은 토치로 살짝 그을린다(**A**).

2 맛차 반죽을 철판에 올리고 주걱으로 세로로 길고 얇게 편다(**B**). 30초 정도 구운 뒤 작은 주걱으로 가장자리부터 떼어서 뒤집고, 10초 정도 구워서 다시 뒤집는다(**C**). 소금을 뿌린다.

3 **1**의 앙금을 세로로 길게 2등분해서 반죽 위에 1줄로 올리고, 그 위에 새알심을 같은 간격으로 올린다. 새알심 사이에 딸기를 놓는다(**D**).

4 반죽의 긴 변 중 한쪽을 접어서 앙금과 새알심을 덮고(**E**), 주걱을 반죽 밑에 넣어서 원통모양으로 둥글게 만다. 가로로 길게 놓은 뒤 작은 주걱 1개를 반죽 위에 눕혀서 올리고, 다른 작은 주걱을 그 위에 세우고 가볍게 톡톡 두드려, 속재료와 반죽을 밀착시킨다. 작은 주걱 2개를 세워서 1개는 반죽에 고정시킨 채로, 다른 1개를 움직여 어슷하게 4등분해서(**F**) 접시에 담는다.

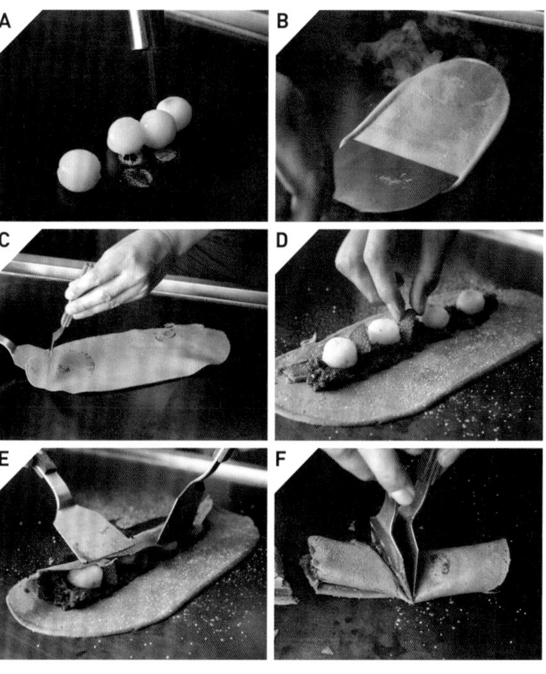

AU GAMIN DE TOKIO

오 가멩 드 토키오

도쿄·에비스

다양한 명물요리를 선보이는 철판 비스트로의 선구자

2008년 오너 셰프인 기노시타 다케마사가 시로카네에서 오픈(2015년 에비스로 이전). 「철판구이×프렌치」라는 새로운 장르를 개척한 이른바 철판 비스트로의 선구자이다.

처음 철판을 도입한 것은 좁은 공간과 적은 직원 수를 해결하기 위한 고육지책이었지만, 철판구이의 장점인 라이브감을 살린 독창적인 발상으로, 「일본인의 본능에 호소하는 맛」을 추구해왔다. 철판요리 외에도 푸아그라 무스와 단호박 퓌레를 넣은 초콜릿 에클레어, 손님 앞에서 직접 육수를 추출해 부어주는(드리퍼를 사용한 연출로 매혹시킨다) 카펠리니 라멘 등, 독창적인 요리도 많다.

현재의 매장은 라이브의 묘미를 제대로 느낄 수 있는 구조이다. ㄷ자 카운터석이 철판이 있는 주방을 에워싸고 있으며, 한 층 높게 만든 플로어의 테이블석에서도 주방을 내려다볼 수 있다. 준비 작업용 가스레인지 등은 뒤쪽에 배치하고, 앞쪽 주방은 보여주는 「무대」로 사용한다. 셰프의 움직임이나 손님을 접대하는 모습을 볼 수 있으며, 철판요리 중에서도 가장 인기가 많은 「트러플을 올린 폭신한 수플레 오믈렛」을 구우면 그 모습과 냄새에 이끌려 「여기도 주세요」라는 소리가 저절로 터져나온다.

현재 셰프인 우치다 겐타는 오픈 때부터 기노시타 셰프 밑에서 실력을 갈고닦아, 지금은 5개의 매장을 총괄하고 있다. 프랑스어로 「장난꾸러기」를 의미하는 레스토랑 이름처럼, 프렌치 기술이 뒷받침하는 맛에 장난꾸러기 같은 센스를 더한 요리를 날마다 만들고 있다.

「나에게 있어서 철판은, 어떤 요리로 손님들을 기쁘게 할까 고민할 때나, 요청에 따라 즉흥적으로 요리를 만들 때, 빼놓을 수 없는 놀이도구와 같은 것입니다」(우치다).

앞쪽 주방에는 조리대, 용암석 그릴, IH플레이트가 있다. 2021년 여름 리모델링할 때 코너에 있던 철판을 좀 더 가까이에서 볼 수 있도록, 카운터 중앙으로 이동해 설치하였다(사진은 리모델링 전).

DATA

주소	東京都渋谷区恵比寿3-28-3 CASA PIATTO 2F
전화	03-3444-4991
URL	www.gamin2008.com
영업시간	16:30~22:00 연중무휴(연말연시 제외)
가격	「코스」 9,680엔 「트러플을 올린 폭신한 수플레 오믈렛」 3,960엔 「푸아그라 버거」 1,760엔

트러플을 올린 폭신한 수플레 오믈렛

오 가멩 드 토키오가 자신있게 추천하는 간판 요리. 최대한 부드럽게 마는 것이 포인트이다. 트러플을 깎아서 올린 뒤 바로 제공하는데, 겨울에는 블랙트러플을 사용한다. 식감과 향뿐 아니라 단짠의 정석을 보여주는 맛으로, 재주문율이 가장 높다.

A

B
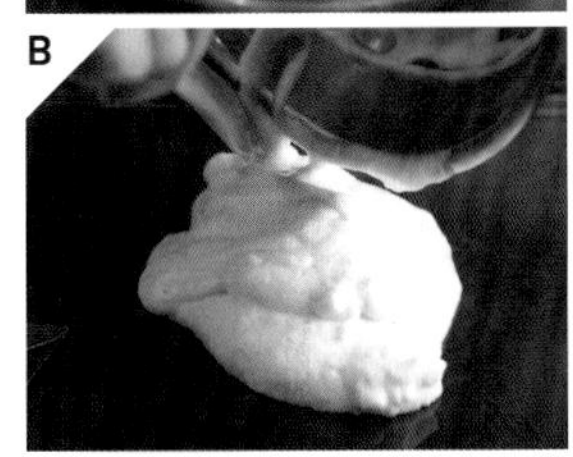

C
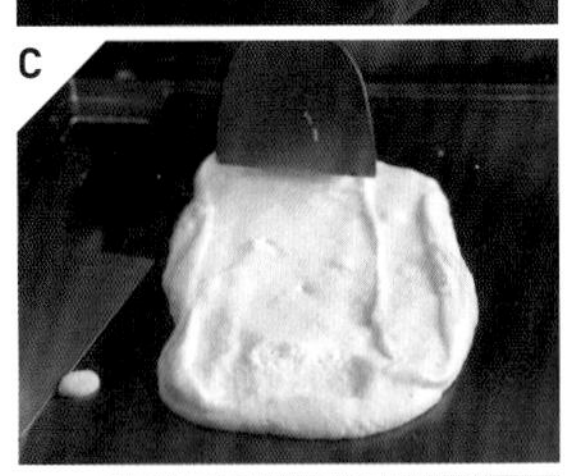

D

E
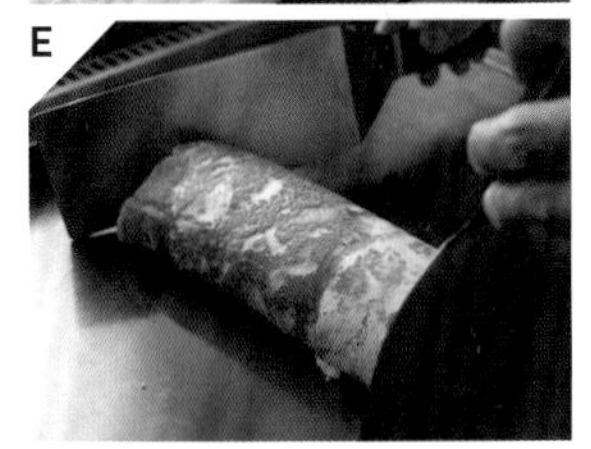

재료(1접시 분량)

a
- 달걀 … 1개
- 생크림 … 15g
- 치즈가루 … 7.5g
- 소금, 후추 … 조금씩

b
- 달걀흰자 … 1개 분량
- 소금 … 조금

버터

화이트트러플 허니

트러플

1. **a**를 섞은 뒤 **b**를 휘핑해서 만든 머랭에 넣고 자르듯이 섞는다(**A**).
2. 철판에 버터를 녹이고 **1**을 부은 뒤(**B**), 주걱으로 가로로 긴 직사각형이 되도록 편다(**C**).
3. 오른쪽 가장자리에 주걱을 넣고 터너를 이용해 왼쪽으로 만다(**D**). 위아래와 양옆을 살짝 눌러서 모양을 정리한다(**E**).
4. 접시에 담고 화이트트러플 허니를 뿌린 뒤, 트러플을 깎아서 올린다.

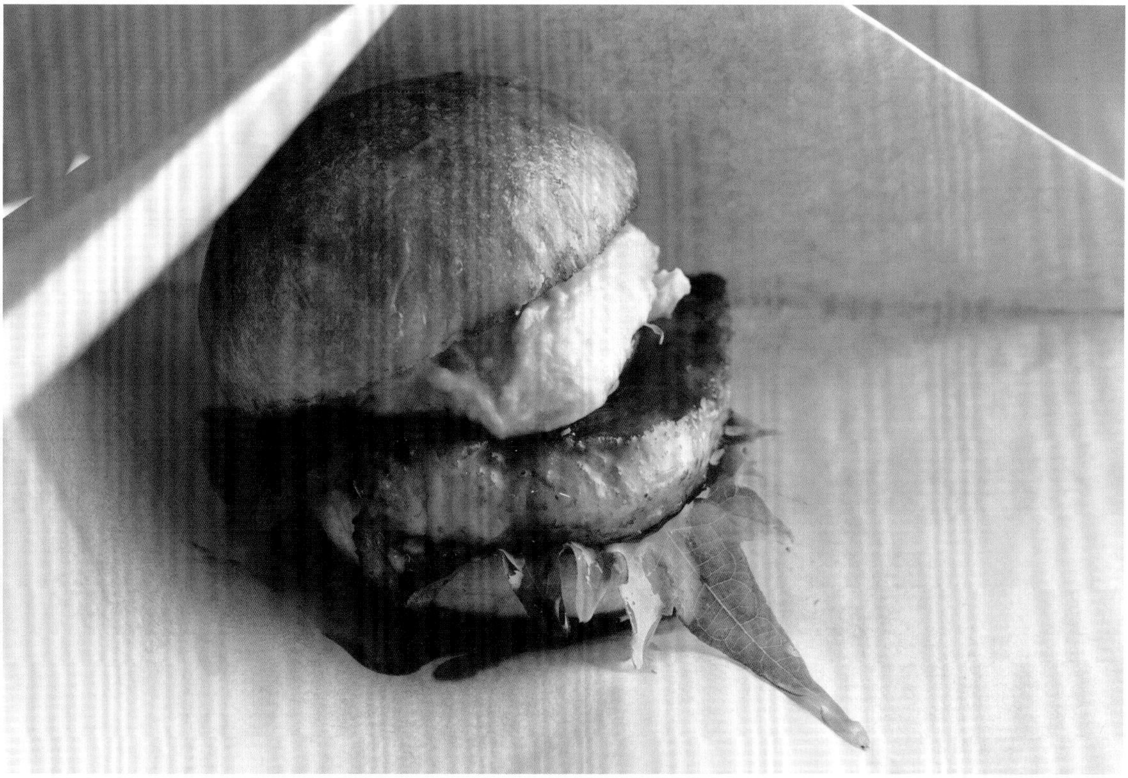

푸아그라 버거

전채요리처럼 가볍게 먹을 수 있는 작은 크기의 버거. 푸아그라와 아보카도의 진하고 부드러운 서양적인 풍미에 데리야키 소스, 고추냉이, 청소엽으로 일본의 풍미를 더해 균형을 맞춘다.

A

B

재료

미니 양파(둥글게 썬)

푸아그라(60g)

강력분

번

청소엽

버터, 소금, 후추

데리야키 소스* / 아보카도 딥**

* 간장, 청주, 굵은 설탕(자라메)을 섞어서 천천히 졸인 것.

** 아보카도에 레몬즙, 마요네즈, 고추냉이를 섞은 것.

1 철판에 버터를 두르고 미니 양파를 올린다.

2 푸아그라에 소금, 후추를 뿌리고 강력분을 묻혀서 철판에 올린다(**A**).

3 **1**을 뒤집고 2등분한 번의 자른면이 아래로 가게 철판에 올린다. **2**를 뒤집는다(**B**). 번에 분무기로 물을 조금 뿌리고 클로슈를 덮어서 찐다.

4 번 – 청소엽 – 푸아그라 – 미니 양파 – 데리야키 소스 – 아보카도 딥 – 번을 순서대로 조립한 뒤, 유산지로 감싸서 접시에 담는다.

튀일 날개를 단 가리비 관자 구이

날개가 될 튀일 반죽을 철판에 붓자마자 바로 틀을 제거한다. 가리비 관자를 올려서 구우면 가리비의 감칠맛이 튀일에 스며든다. 생식소와 외투막은 뵈르블랑 소스에 넣어서 사용한다.

재료(1접시 분량)

가리비
강력분
청주
버터
소금, 후추

튀일 반죽
(아래 재료를 적당량씩 섞는다)
박력분
식용유
물

1 가리비를 손질하여 관자에 소금, 후추를 뿌리고 강력분을 묻힌다. 생식소와 외투막은 청주를 뿌려서 찐다.

2 철판에 오일을 두르고 **1**의 관자를 올린다. 철판의 다른 위치에 원형틀을 놓고 튀일 반죽을 붓는다(**A**). 틀을 제거하고(**B**) 관자를 올린다(**C**).

3 반죽이 구워지면 그 밑에 주걱을 넣고 다른 주걱을 사용해서 가장자리부터 조심스럽게 떼어낸 뒤(**D**), 뒤집어서 반대쪽도 굽는다(**E**).

4 뵈르블랑 소스를 작은 냄비에 담고 철판에 올려서 데운다. 철판에 버터를 녹이고, **1**의 생식소와 외투막을 볶는다(**F**). 소금, 후추를 뿌리고 주걱을 세워서 잘게 잘라 소스 냄비에 넣는다.

5 접시에 따듯하게 데운 라타투이를 담고 **3**을 올린 뒤, 주위에 **4**를 둘러준다.

뵈르블랑 소스

a | 에샬로트(다진)
화이트와인, 화이트와인 비네거

퓌메 드 푸아송(생선육수)
버터, 생크림, 소금, 후추

1 **a**를 끓여서 졸이고 퓌메 드 푸아송을 넣어 살짝 끓인다. 버터를 넉넉히 넣어서 섞고, 생크림, 소금, 후추로 맛과 농도를 조절한다.

라타투이

a | 마늘(다진)
양파(작게 깍둑썬)

토마토(작게 깍둑썬)

b | 가지(작게 깍둑썬), 주키니(작게 깍둑썬)
피망(작게 깍둑썬), 파프리카(빨강, 노랑/작게 깍둑썬)

올리브오일, 소금, 후추

1 올리브오일을 두르고 **a**를 볶다가, 양파가 투명해지면 토마토를 넣고 끓인다.

2 **b**를 각각 볶아서 **1**에 넣고 살짝 끓인 뒤, 소금, 후추로 간을 한다.

에샬로트 티본 스테이크

메인요리는 덩어리째 굽는 스테이크가 정석. 프라이팬보다 온도가 안정적인 철판과, 기름기를 빼고 스모키한 향을 입힐 수 있는 그릴을 모두 사용하여 완벽하게 익힌다.

재료

소고기 티본
소금, 후추, 버터
마늘(다진)
에샬로트(다진)
검은 후추(굵게 간)
파슬리(다진)
감자튀김
와일드 루콜라
홀그레인 머스터드

1 티본은 요리하기 20분 전에 미리 상온에 꺼내둔다.

2 **1**에 소금, 후추를 뿌리고 버터를 녹인 철판에 올린다(**A**). 구운 색이 나면 뒤집어서 같은 방법으로 색을 낸다(**B**). 티본을 세워서 지방쪽도 굽는다(**C**).

3 용암석 그릴로 옮겨 기름을 빼면서, 불에서 멀리 놓고 천천히 굽는다(**D**).

4 철판에 버터를 녹이고 마늘을 볶는다(**E**). 살짝 구운 색이 나면 버터를 더 넣고, 에샬로트를 넣어(**F**) 볶는다. 소금, 검은 후추, 파슬리를 넣는다.

5 우드 플레이트에 갓 튀긴 감자튀김, 와일드 루콜라, 홀그레인 머스터드를 담고 자른 고기를 올린다. **4**를 버터까지 함께 떠서 올린다.

A

B

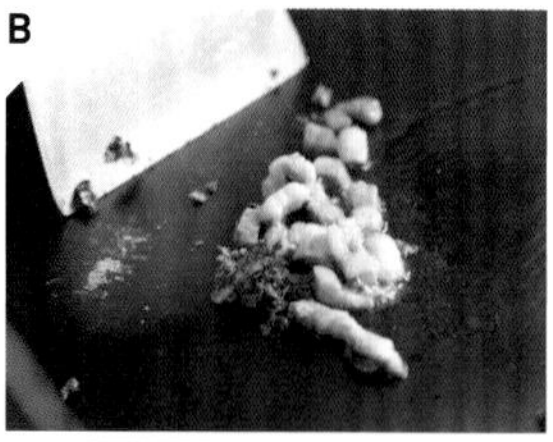

C

D

생후추로 향을 낸 카르보나라 필라프

「판체타+달걀노른자+치즈+후추」라는 카르보나라의 조합을 밥요리에 응용하였다. 생후추를 구우면서 으깨어 향을 잘 살리고, 판체타를 조합하면 철판에서만 가능한 맛있는 요리를 완성할 수 있다. 버터 라이스를 넣고 단숨에 마무리한다.

재료

판체타(직사각형으로 썬)

생후추

버터 라이스*

베샤멜 소스**

달걀노른자

그라나 파다노 치즈(간)

검은 후추(굵게 간)

* 버터를 두르고 쌀을 볶다가 닭뼈육수를 넣고 오븐에서 지은 밥.

** 버터를 두르고 박력분을 볶은 뒤 우유를 조금씩 넣으면서 풀어주고, 생크림, 소금, 후추로 맛과 농도를 조절한다.

1 철판에 오일을 두르고 판체타를 볶는다. 생후추를 철판에 올리고(**A**) 주걱으로 으깨서 향을 낸 뒤, 판체타와 섞는다(**B**).

2 버터 라이스를 넣고 주걱을 세워서 자르듯이 볶는다(**C**). 편평하게 펴서 소금, 후추로 간을 하고 둥글게 모양을 만든다(**D**). 그대로 떠서 접시에 담는다.

3 가열한 베샤멜 소스를 끼얹고 달걀노른자를 올린 뒤, 그라나 파다노와 검은 후추를 뿌린다.

GAMIN 도라야키

처음 오픈했을 때부터 제공하고 있는 인기 디저트. 반죽에 맛술을 넣으면 고소한 향과 윤기가 더해진다. 팥앙금과 소금캐러멜 아이스크림으로 동서양의 하모니를 즐긴다.

A

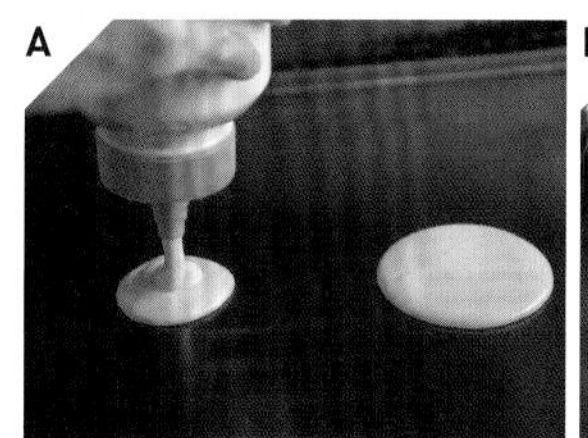

B

재료

팥앙금

소금캐러멜 아이스크림

도라야키 반죽(아래 재료를 섞는다)

핫케이크 믹스 가루

맛술

꿀

우유

그래뉴당

1 철판에 오일을 두르고 도라야키 반죽을 지름 7㎝ 정도로 둥글게 짠다(**A**). 기포가 보글보글 생기면 뒤집어서 안쪽이 될 면을 살짝 굽는다(**B**).

2 팥앙금과 소금캐러멜 아이스크림을 **1** 위에 얹고, 나머지 1장을 덮어 제공한다.

Aoyama SHANWAY

아오야마 샹웨이

도쿄·기타산도

독창적인 철판 사용으로 새로운 스타일의 중국요리를 추구

「철판 중화요리」라는 콘셉트로 아오야마에서 개업한지 18년. 철판 중화요리가 이색적인 이유는 원래 중국요리는 「중화냄비 하나로 모든 것을 요리하는」 것이기 때문이다.

「중국요리는 원래 중화냄비 안에서 기름과 수분을 하나로 만드는 것이라고 생각합니다. 따라서 냄비로 만드는 숙주볶음은 숙주 한 가닥 한 가닥에 맛이 스며들어 양념장이 남지 않습니다. 하지만 철판으로 요리하면 기름은 옆으로 빠져나오고, 수분은 점점 증발합니다. 철판 중화요리는 이런 특징을 잘 살린 독창적인 요리입니다」라는 것이 오너 셰프 사사키 다카마사의 설명이다.

상하이요리 전문이었던 사사키 셰프가 철판에 주목하게 된 것은, 중국에서 지인이 철판요리를 만들어 준 것이 계기가 되었다고 한다. 「중국요리에도 철판요리가 있다」라는 것을 알고, 그 매력에 빠져서 독립할 때 주방에 직접 철판을 설치했다. 현재 철판요리는 메뉴의 30~40% 정도로, 모두 전통요리를 기반으로 하지만 조리과정을 변형하여 철판을 사용한다.

철판 조리의 특징과 장점은 ① 기름을 적게 사용하기 때문에 깔끔하게 완성된다. 결과적으로 식재료 자체의 맛이 잘 살아난다. ②조미료나 구울 때 나오는 즙을 바싹 조려서 식재료에 버무림으로써, 고소한 향이나 식재료와의 맛의 대비를 강조할 수 있다. ③구울 때 나오는 즙에 녹말가루를 넣어 만든 바삭한 「누룽지」를 마지막에 곁들이면 악센트가 된다.

깔끔한 맛, 고소한 향과 맛, 바삭바삭한 식감은 모두 일본인들이 좋아하는 것이다. 중국요리를 어떻게 요즘 일본인들의 취향에 맞출 것인가, 이것이 사사키 셰프가 만드는 철판 중화요리가 추구하는 목표이다.

정통 중국요리 식당의 맛과 동네 중국집의 친밀한 느낌을 모두 갖춰서 개업 때부터 인기가 많은 맛집이다. 간판요리는 「우롱차 볶음밥」, 「돼지 오소리감투와 제철채소 볶음」, 「마오쩌둥 스페어립」 등이 있다.

오너인 사사키 셰프. 「후쿠로쿠주한텐」(도쿄·하라주쿠)에서 요리를 배운 뒤, 모던 중화요리 식당 「안테시누아즈」에서 주방장을 지낸 베테랑이다. 「철판 중화요리는 중국요리의 새로운 스타일입니다. 전통적인 맛에 악센트를 더해서 만들고 있습니다」.

DATA

주소	東京都渋谷区千駄ヶ谷4-29-12
전화	03-3475-3425
URL	http://www.shanway.jp
영업시간	11:30~14:00, 18:00~22:00 일요일 휴무
가격	「코스」 5,500엔 「스페어립 철판구이」 1,680엔

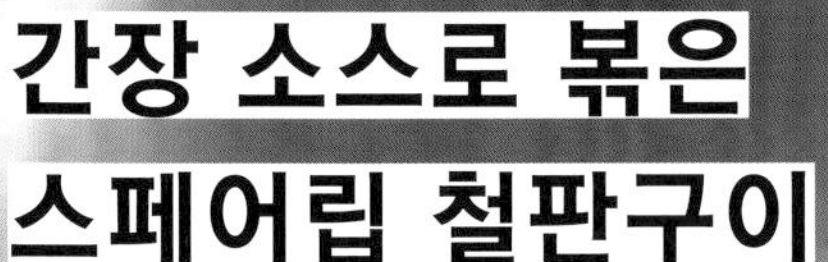

간장 소스로 볶은 스페어립 철판구이

스페어립을 천천히 찌듯이 굽고, 마지막에 향신료와 간장 소스를 듬뿍 넣어 볶아낸다. 중화냄비로 만든 것보다 기름이 적어서 좀 더 깔끔하게 즐길 수 있다.

재료

돼지 스페어립 … 뼈 4~5개 분량(약 1㎏)

녹말가루

줄 줄기(wild rice stem)

아스파라거스

파프리카(빨강, 노랑)

밑간용 양념(아래 재료를 적당량씩 섞는다)

사오싱주

간장, 소금

대파, 생강

향신료

샹라장* … 2큰술

사차장** … 1작은술

두시*** … 1큰술

화자오 … 1작은술

생강(다진) … 1작은술

마늘(다진) … 1작은술

간장 소스(아래 재료를 적당량씩 섞는다)

간장

중국간장

굴소스

설탕

치킨 부용

녹말물

참기름

* 수제 고추소스. 만드는 방법은 공개 불가.

** 마늘, 땅콩, 양파, 건새우, 향신료 등으로 만든 양념.

*** 콩을 발효시켜서 만든 식품.

1 돼지 스페어립은 밑간용 양념에 몇 시간 동안 재운다.

2 철판에 오일을 살짝 두르고 **1**을 올린다. 아랫면이 구워지면 클로슈를 덮고 찌듯이 굽는다(약 20분. 중간에 1번 뒤집는다)(**A**).

3 고기가 거의 완성되면(**B**), 손질한 채소를 옆에 올려서 볶는다.

4 고기와 채소가 모두 익으면 향신료를 철판에 직접 올려서 향을 낸 뒤(**C**), 고기, 채소와 함께 섞는다(**D**). 간장 소스를 뿌리고(**E**), 재빨리 섞어서 접시에 담는다.

A

B

C

D

E

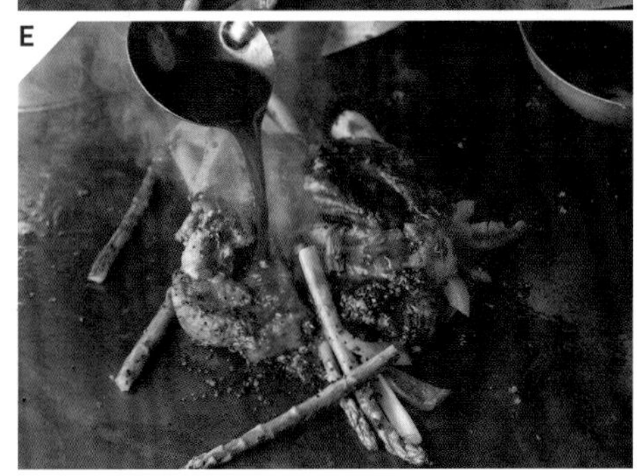

룽징차로 향을 낸 통새우 철판구이

새우의 단맛과 룽징차 향의 조화를 위해 간은 소금으로만 한다. 마지막으로 룽징차에 녹말물을 넣고 구워서 만든 누룽지를 곁들여 고소한 맛과 향을 살린다.

재료

새우* … 4마리

룽징차 … 약 400~500㎖

녹말물 … 조금

제철채소(홍심무, 줄기상추, 카사바) 슬라이스

소금

* 껍질, 머리가 붙어 있는 채로 등에 칼집을 넣어 내장을 제거한다.

1 룽징차를 우린다. 찻잎을 걸러내지 않고 그대로 사용한다. 소금을 조금 넣는다.

2 철판에 오일을 살짝 두르고 새우를 올린다(**A**). 클로슈를 덮는다. 잠시 동안 찌듯이 굽고 클로슈를 열어 노릇하게 구운 자국이 있으면 뒤집는다(**B**). **1**을 조금 붓고 다시 클로슈를 덮는다.

3 알맞게 자른 채소도 철판에 올려서 양면을 굽는다(**C**).

4 **4**의 차에 녹말물을 섞는다(**D**). 새우와 채소가 모두 익으면 녹말물을 섞은 차를 200~250㎖ 정도 붓고(**E**), 주걱으로 골고루 섞는다(**F**).

5 새우와 채소를 접시에 담는다. 철판에 남아 있는 소스에 다시 **4**의 차를 200~250㎖ 정도 붓고(**G**), 주걱으로 펴서 수분을 날린다(**H**). 바삭하게 구워진 누룽지를 주걱으로 떼어내서(**I**) 새우 위에 올린다.

초피 소스를 올린 참치 턱살 철판구이

큼지막한 참치 가마살이나 턱살을 철판 위에서 천천히 찌듯이 굽는다. 촉촉하면서 씹는 맛이 있는 참치살에 감칠맛과 깊은 맛이 있는 매콤한 초피 소스를 올려 완성한다. 소스에 넣는 고추의 양은 취향에 따라 조절한다.

재료

참치 턱살(껍질째) … 약 800g

밑간용 양념(아래 재료를 섞는다)

사오싱주 … 재료가 모두 잠길 정도의 양

간장 … 조금

소금, 화자오, 검은 통후추, 대파, 생강 … 적당량씩

초피 소스(아래 재료를 적당량씩 섞는다)

샹라장*

마늘(간)

생강(간)

사오싱주, 간장, 참기름,

화자오, 차오톈라자오(말린)**

고수 샐러드

고수, 파기름, 소금, 참깨(간)

* 수제 고추 소스.

** 하늘을 향해 자라는 매운 고추.

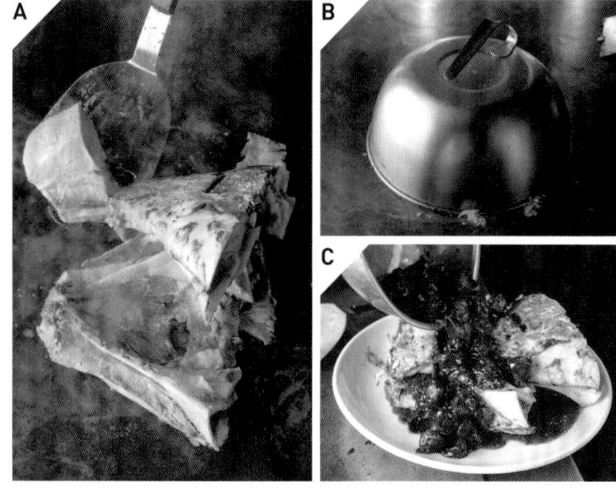

1 참치 턱살은 밑간용 양념에 넣고 몇 시간 정도 재운다.

2 철판에 오일을 살짝 두르고 **1**의 참치를 껍질이 아래로 가게 올린다(**A**). 클로슈를 덮고 15~20분 정도 찌듯이 굽는다(**B**). 중간에 1번 열고 뒤집어서 양면에 모두 고르게 구운 색을 낸다.

3 속까지 촉촉하게 익으면 접시에 담는다. 초피 소스를 끼얹는다(**C**). 고수 샐러드를 올린다.

철판 교자

1개가 80g 정도 되는 큼직한 만두를 일단 찜기로 찐 뒤, 기름을 꼭 필요한 만큼만 살짝 두르고 철판에 굽는다. 손으로 만든 만두피의 쫄깃함과 바삭하게 구운 고소한 맛을 모두 살린 철판 교자.

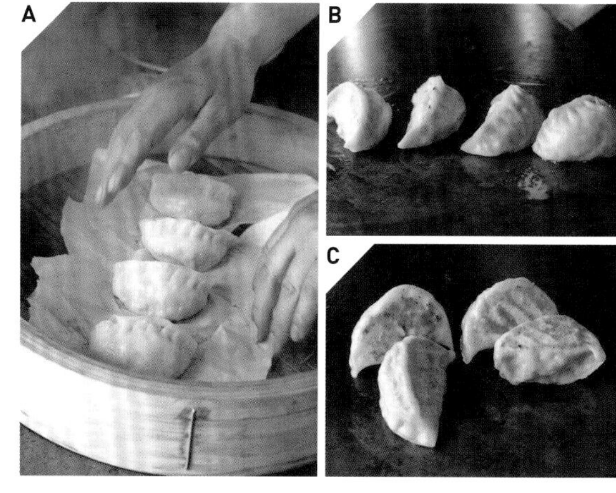

재료

수제만두(돼지고기, 양배추, 부추로 소를 채운) … 1개당 80g

샐러드(상추, 당근 등)

양념장(아래 재료를 적당량씩 섞는다)

간장

식초

샹라장

1 만두를 찐다(**A**).
2 철판에 기름을 살짝 두르고 **1**을 가지런히 올린다(**B**).
3 아랫면이 노릇해지면 뒤집어서 보기 좋게 구운 색이 나도록 굽는다(**C**).
4 접시에 샐러드를 깔고 **3**을 담은 뒤 양념장을 끼얹는다.

우롱차 볶음밥

철판볶음밥의 장점은 적은 양의 기름으로 깔끔하고 고소하게 볶을 수 있다는 것, 그리고 「누룽지」를 만들 수 있다는 것이다. 이 볶음밥의 주인공인 우롱차의 향도 한층 잘 살아난다.

재료

흰밥 … 300g
우롱차(차와 찻잎)
파기름
그린 아스파라거스(껍질을 벗기고 한입크기로 자른)
소금

1 우롱차를 우린 뒤 찻잎을 걸러낸다. 찻잎은 살짝 다져서 그중 일부는 튀긴다. 차에 소금을 조금 넣어 간을 한다.

2 흰밥에 **1**의 잘게 썬 찻잎을 적당량 섞는다. 오일을 살짝 두른 철판에 올리고, **1**에서 우린 차를 150㎖ 정도 부어서(**A**) 주걱으로 재빨리 섞는다(**B**).

3 **2**의 일부를 옆으로 옮겨서 주걱으로 얇고 평평하게 편 뒤(**C**), 파기름을 뿌리고 노릇노릇해질 때까지 천천히 구워서 누룽지를 만든다. 노릇하게 구워지면 뒤집어서(**D**) 바삭하게 완성한다.

4 동시에 아스파라거스를 철판에 올리고 **2**의 밥을 덮어서 잠시 그대로 둔다. 그런 다음 주걱으로 전체를 섞으면서 수분을 날려 볶음밥을 완성한다(**E**).

5 볶음밥을 접시에 담고 누룽지를 잘라서 볶음밥 주위에 기대어 세운다(**F**). 튀긴 찻잎을 뿌린다.

중화면 야키소바

중국식 소스로 만드는 야키소바. 걸쭉한 소스를 올려서 먹는 앙카케 야키소바를 만들 때처럼, 면의 양면을 구운(위아래는 바삭하고, 속은 부드럽게) 뒤 소스로 버무린다. 원한다면 달걀프라이를 올려도 좋다.

재료

중화면(두꺼운 면)

실파

수제 시즈닝 소스*

달걀(흰자와 노른자 분리)

고수

파프리카(빨강, 노랑/다진)

* 만드는 방법은 공개 불가.

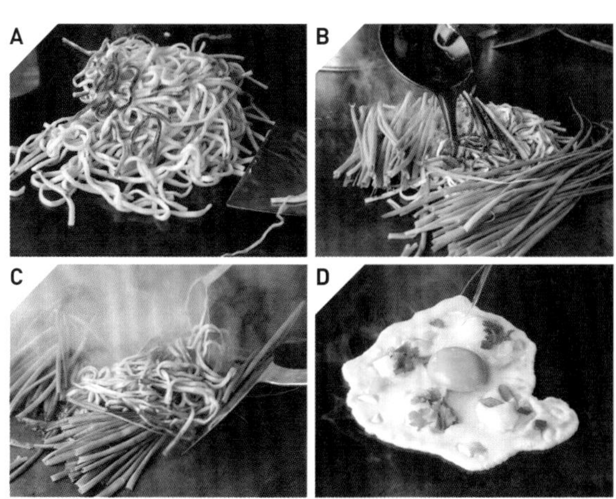

1 철판에 오일을 살짝 두르고 중화면을 올린다. 구운 색이 나면 뒤집어서(**A**), 양쪽 표면을 모두 바삭하게 굽는다. 실파와 수제 시즈닝 소스를 붓고(**B**), 주걱으로 전체를 섞으면서 볶는다(**C**). 접시에 담는다.

2 달걀흰자를 철판에 올리고 표면에 고수와 파프리카를 올린다. 바닥면이 익으면 가운데에 노른자를 얹고(**D**), 클로슈를 덮어서 찐다. 달걀노른자가 따뜻해지면 **1** 위에 올린다.

Teppanyaki TAMAYURA
뎃판야키 다마유라

도쿄·나카메구로

일본 철판구이의 기반을 넓히다

오너인 이시하라 다카시가 「정통 철판구이를 부담없는 가격으로 제공하는 친근한 레스토랑」을 처음으로 구상한 것은 20년 전의 일이다. 미국에서 유학하는 동안 고급 철판구이 식당에서 아르바이트를 한 것이 계기가 되었다. 일본의 철판구이 식당은 고급 호텔 안에 있는 경우가 대부분이지만, 요즘의 젊은 미식가들에게 더 많이 어필할 수 있을 것이라 확신했다.

그래서 먼저 리조트 트러스트 그룹(철판구이 레스토랑을 보유한 리조트 호텔 체인)에 입사하였고, 영업과 매니지먼트 등의 경험을 차근차근 쌓아 2019년 10월에 꿈을 실현했다. 이시하라는 서비스를 맡고 있다.

매장은 캐주얼하고 세련된 분위기로, 디너는 푸아그라 플랑, 성게 소고기말이, 구로게와규 스테이크 등 고급 철판구이 레스토랑과 비슷한 구성의 8가지 코스요리를 8,800엔부터 선보이고 있다. 가격은 다운되어도 「셰프가 손님을 직접 만나고, 요리는 하나하나 눈앞에서 직접 만든다」라는 철판구이의 본질은 변함이 없다.

이전 셰프는 일식 요리사 출신이었는데, 현 셰프인 고마쓰 마모루는 나고야의 호텔 몇 곳에서 오랫동안 양식을 만들었고, 「서 윈스턴 호텔 나고야(현 더 스트링스 호텔 야고토 NAGOYA)」에서는 철판구이를 담당했다. 일식과 양식 각각의 알라카르트(일품요리)도 준비되어 있으며, 명물요리도 개발하고 있다. 가까운 지역에 사는 손님들의 일상식부터 젊은 세대의 특별한 날에 어울리는 식사까지, 여러 가지 메뉴로 폭넓은 손님층을 사로잡아 TEPPANYAKI의 기반을 넓히고 있다.

메인 다이닝은 L자 카운터 11석으로, 철판은 2장이다. 안쪽에는 철판과 4석짜리 테이블 1개로 구성된 셰프의 테이블 공간과 8석짜리 개인실이 있다.

부드러운 식감의 「푸아그라 플랑」은 철판요리와 함께 이곳의 간판메뉴이다. 아이치현 출신의 고마쓰 셰프는 다마유라에 오면서 처음으로 도쿄에서 일하게 되었다. 재방문 손님은 대부분 셰프의 오마카세를 선택한다.

DATA

주소	東京都目黒区上目黒 1-26-1-317 中目黒アトラスタワーアネックス 3F
전화	03-5724-3777
URL	http://eternalchallenge.co.jp/
영업시간	11:30~15:00, 17:30~23:00, 매주 월요일 휴무
가격	「런치」 1,650~5,280엔 「디너」 8,800~17,600엔 「게센누마산 상어지느러미 철판구이」 3,080엔 「구로게와규 설로인 스테이크(100g~)」 5,720엔~

마리니에르 스타일 생선조림

마리니에르는 생선육수, 에샬로트, 버터와 해산물을 넣고 끓이는 요리이다. 생선은 신선도를 즐기기 위해 철판에 구운 뒤 살짝 끓이고, 채소로 계절감을 표현한다.

재료(코스용 1접시 분량)

흰살생선 토막(참돔 등) … 40g

영콘 … 1줄기

에샬로트(다진) … 1/2개

양송이버섯(슬라이스) … 1/2개

퓌메 드 푸아송(생선육수) … 30㎖

토마토(작게 깍둑썬) … 1/8개

실파(잘게 썬) … 적당량

버터 … 적당량

카놀라유

소금, 후추

1 흰살생선 토막에 소금, 후추를 뿌리고, 껍질에 버터를 듬뿍 발라(**A**) 250℃ 철판에 올린다.

2 생선살에도 버터를 넉넉히 바른다(**B**). 생선 옆에 카놀라유를 두르고 영콘을 올려 함께 굽는다(**C**).

3 철판 위에 타원형 냄비를 놓고 버터를 녹인 뒤, 에샬로트를 넣어 살짝 볶은 다음 양송이를 넣고 볶는다. 퓌메 드 푸아송을 붓고(**D**) 한소끔 끓인다.

4 구운 생선을 껍질이 위로 가게 **3**의 냄비에 넣어 가열하고, 국물을 껍질 위로 끼얹는다(**E**).

5 생선과 영콘을 접시에 담는다. **4**의 냄비에 토마토와 실파를 넣고 살짝 졸여서 생선 위에 뿌린다.

A

B

C
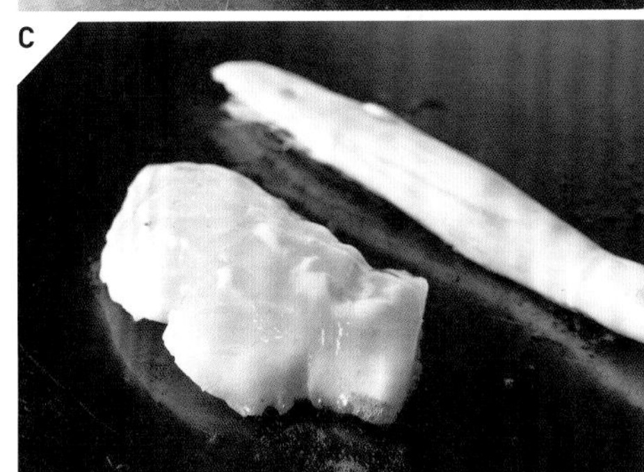

D

E

철판구이 시저샐러드

샐러드를 철판구이로 만든다? 그 비밀이 궁금해서 주문하는 여성 손님이 많은데, 접시에 담는 모든 재료를 철판으로 요리한다. 플랑베로 분위기도 띄운다. 달걀도 철판 위에서 직접 깨지 않고 그릇에 깨서 철판에 올리면 정성이 느껴진다.

재료

베이컨(두껍게 채썬)
양송이버섯(슬라이스)
로메인(세로로 2등분)
브랜디
달걀
E.V.올리브오일, 소금, 후추, 검은 후추
파르미자노 레자노 치즈

드레싱(아래 비율로 섞는다)

마요네즈 … 1
우유 … 1
치즈가루 … 0.5
레몬즙 … 0.5
마늘(간) … 0.1
검은 후추 … 적당량

1. 200℃ 철판에 E.V.올리브오일을 두르고 베이컨을 굽는다. 조금 시간을 두고 양송이버섯을 옆에 올려서 굽는다.
2. 로메인을 철판에 올리고 E.V.올리브오일을 두른 뒤(**A**), 브랜디를 뿌려 플랑베한다(**B**). 먹기 좋은 크기로 자르고(**C**), 소금, 후추를 뿌려 접시에 담는다. **1**을 올린다.
3. 그릇에 깨놓은 달걀을 철판에 올리고 소금을 뿌린다(**D**). 주걱을 끼운 채 클로슈를 덮고, 그 틈으로 물을 조금 넣는다(**E**). 노른자 표면이 하얗게 되면, 검은 후추를 갈아서 뿌리고 **2** 위에 올린다.
4. 파르미자노 레자노를 갈아서 뿌리고 드레싱을 올린다.

철판으로 만드는 핫 토마토 샐러드

「토마토를 익히면 리코펜의 흡수율이 3배가 된다」고 추천하는 메뉴. 플랑베에는 궁합이 좋은 오렌지 리큐어를 사용한다. 브루스케타처럼 바게트에 올려서 먹어도 맛있다.

재료(2접시 분량)

토마토(살짝 데쳐서 껍질 제거) … 1개
마늘(다진) … 1작은술
바게트(슬라이스) … 4조각
쿠앵트로(또는 그랑 마르니에) … 20㎖
E.V.올리브오일
트러플소금, 루콜라

1. 200℃ 철판에 E.V.올리브오일을 두르고 마늘을 올려 노릇하게 구운 색을 낸다. 주걱 위에 올리고 다른 주걱으로 눌러 여분의 오일을 제거한 뒤 철판 가장자리에 둔다.
2. 철판에서 바게트의 양면을 굽는다.
3. 철판에 E.V.올리브오일을 두르고 토마토를 올려 위에서도 오일을 뿌린 뒤(**A**), 쿠앵트로를 뿌려서 플랑베한다(**B**). 세로로 2등분해 자른면이 아래로 가게 놓고, 가로로 2등분, 세로로 2등분 한다. 소금을 살짝 뿌린다(**C**). 뒤집어서 살짝 굽는다.
4. 접시에 **3**을 담고 **1**을 올린 뒤 E.V.올리브오일을 뿌린다. 트러플소금, 루콜라, **2**의 바게트를 곁들인다.

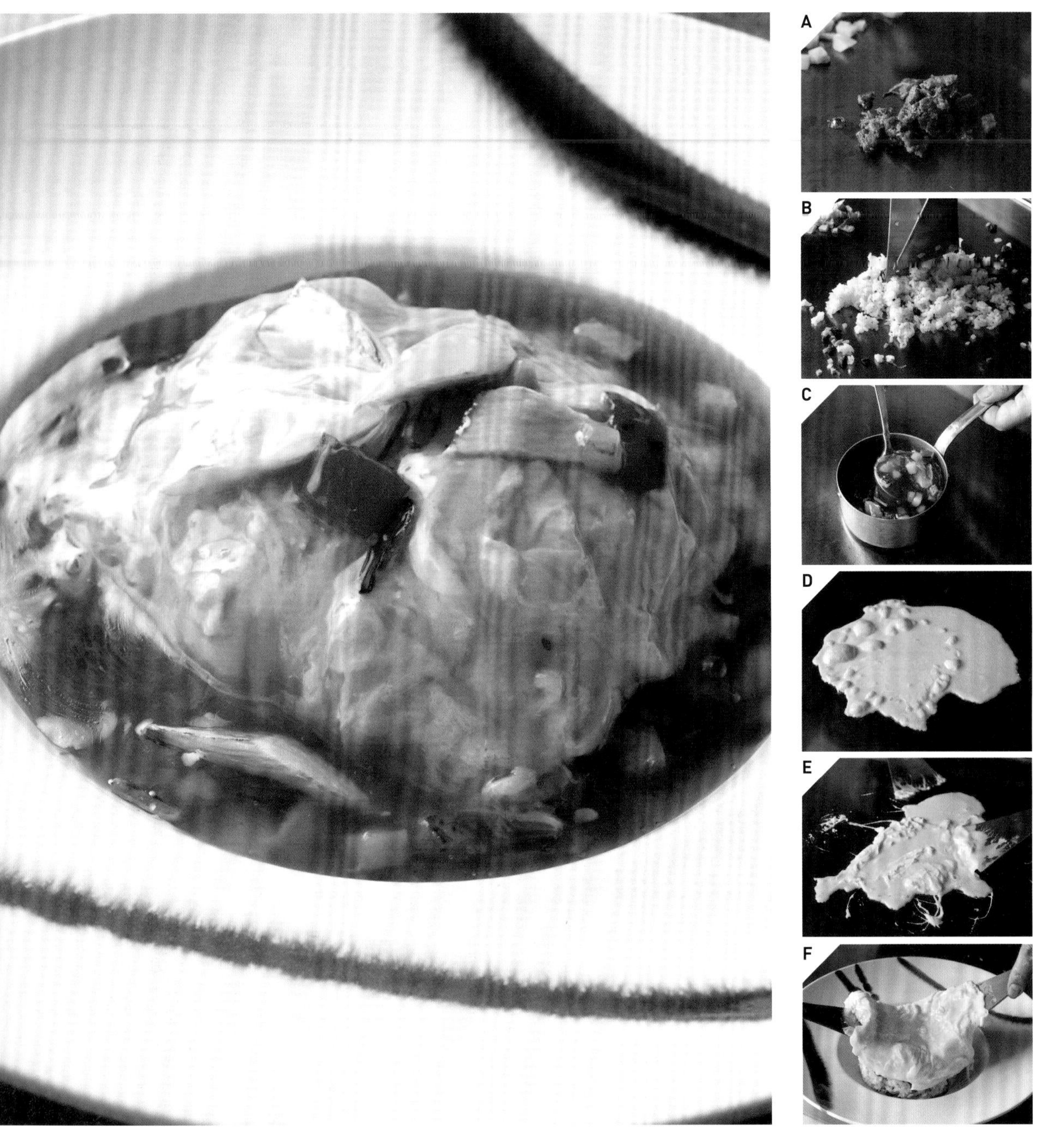

녹말 소스를 올린 구로게와규 볶음밥

매장 주변에서 근무하는 사람들을 겨냥한 서비스 런치(전채, 된장국, 채소절임, 셔벗, 커피 포함)의 주메뉴. 구로게와규 생강조림을 넣은 밥을 볶을 때, 걸쭉한 녹말 소스에 넣을 채소를 볶을 때, 달걀을 구울 때까지 철판을 최대한 활용한다.

재료

구로게와규 생강조림

a | 양파(깍둑썬)
  | 당근(깍둑썬)

제철채소(땅콩호박, 줄 줄기, 모로코강낭콩*, 아마나가 피망** 등)

흰밥, 달걀, 생크림, 카놀라유

녹말 소스*(아래 비율로 섞는다)**

b | 다시마와 가쓰오부시 육수 … 6
  | 맛술 … 1
  | 국간장 … 1

참기름, 옥수수전분 … 적당량씩

* 꼬투리강낭콩의 한 종류. 꼬투리가 넓적한 것이 특징이다.

** 매운맛이 없는 감미종 고추로 일반 고추보다 길이가 길다.

*** **b**를 냄비에 넣고 끓여서 알코올을 날린 뒤, 참기름을 넣고 옥수수 전분을 물에 풀어서 넣어 걸쭉하게 만든다.

1. 구로게와규 생강조림은 아리마산쇼(고베의 특산물인 초피 간장 절임), 간 생강, 간장, 맛술, 청주, 설탕을 냄비에 넣고 끓인 뒤, 자투리 소고기를 넣어 조린 것을 사용한다.
2. 200℃ 철판에 카놀라유를 두른 뒤 **a**를 굽고, 동시에 한입크기로 자른 제철채소를 굽는다. 생강조림을 올려서 데운다(**A**).
3. **a** 위에 흰밥, 생강조림을 순서대로 올려서 볶는다(**B**). 주걱을 세워서 자르듯이 볶고, 중간중간 바닥부터 퍼올려 떨어뜨리는 방법으로 보슬보슬하게 완성한다. 밥공기에 담아 표면을 정리하고 뒤집어서 접시에 담는다.
4. 녹말 소스를 작은 냄비에 담아 철판에서 가열한 뒤, **2**의 제철채소를 넣는다(**C**).
5. 달걀에 생크림을 넣어서 풀어주고 오일을 두른 철판 위에 붓는다(**D**). 주걱으로 달걀물을 가장자리에서 가운데 모아주면서 익히는데(**E**), 반숙 상태일 때 떠서 **3** 위에 올린다(**F**). **4**의 녹말 소스를 끼얹는다.

구로게와규를 넣은 구운 주먹밥 오차즈케

철판에 구운 주먹밥은 살짝 구운 색이 난다. 코스의 마무리는 구운 주먹밥 오차즈케, 갈릭 라이스, 냉국수 중에서 선택할 수 있다.

재료

흰밥

구로게와규 생강조림(상단의 볶음밥 레시피 **1** 참조)

카놀라유

다시마와 가쓰오부시 육수

우스구치 간장

고추냉이(간)

참깨 / 김가루

1. 구로게와규 생강조림을 넣은 주먹밥을 만든다. 250℃ 철판에 카놀라유를 두르고 양면을 굽는다(**A**).
2. 육수(우스구치 간장으로 간을 한다)를 작은 냄비에 넣고 데운다.
3. 구운 주먹밥을 그릇에 담고 고추냉이를 올린다. **2**를 붓고 참깨와 김가루를 올린다.

A

게센누마산 상어지느러미 철판구이

고기요리의 주인공이 구로게와규라면, 해산물요리의 주인공은 상어지느러미. 크림 소스이지만 생강을 넣어 농양적인 맛으로 개성을 표현한다. 코스요리에는 1장, 일품요리에는 2장을 제공한다.

A

B

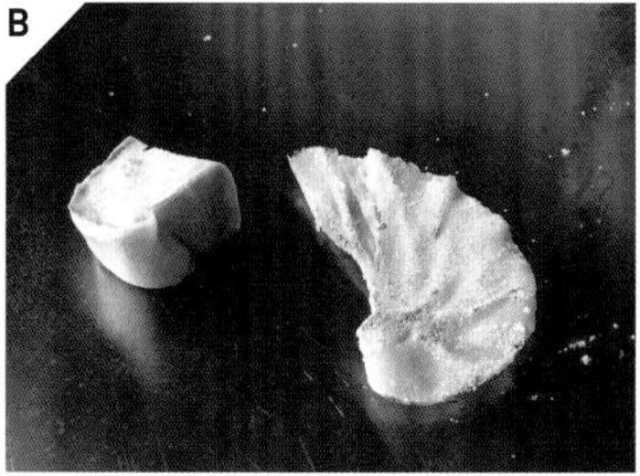

재료(코스용 1접시 분량)

상어지느러미(불려서 삶은) … 20g
세몰리나가루 … 적당량
바게트(슬라이스) … 1조각
파슬리(다진) … 적당량
오징어채(튀긴) … 1줌
E.V.올리브오일

뒥셀*(19인분)

양송이버섯(다진) … 1㎏
에샬로트(다진) … 100g
버터 … 100g
소금, 후추

생강 크림 소스**(45인분)

a
물 … 400㎖
생크림 … 300g
치킨 콩소메 … 10g
생강즙 … 30g
청주 … 20g
맛술 … 10g
우스구치 간장 … 10g
소금 … 적당량

옥수수전분 … 적당량

* 버터를 두르고 양송이버섯과 에샬로트를 함께 볶은 뒤 소금, 후추를 뿌린다.

** **a**를 냄비에 넣고 섞어서 알맞게 졸인 뒤, 옥수수전분을 물에 풀어서 넣어 걸쭉하게 만든다.

1 물에 불린 상어지느러미에 생강(재료 외), 대파(재료 외), 다시마와 가쓰오부시 육수(재료 외)를 넣고 삶는다. 상어지느러미에 세몰리나가루를 묻힌다. 뒥셀과 생강 크림 소스를 작은 냄비에 담아 준비한다(**A**).
2 200℃ 철판에 E.V.올리브오일을 두르고 상어지느러미와 바게트를 올려 각각 양면을 굽는다(**B**).
3 뒥셀과 소스를 철판에 올려서 데운다.
4 접시에 뒥셀을 담고 상어지느러미를 올린 뒤 소스를 붓는다. 파슬리를 뿌리고 튀긴 오징어채를 올린다. 바게트를 함께 곁들인다.

크로크무슈

「전채 · 일품요리용」 메뉴. 와인 안주로 함께 나눠 먹어도 좋다. 참고로 코스에 포함된 스테이크는 빵을 깔고 그 위에 올려서 내는데, 손님이 고기를 다 먹으면 빵을 다시 받아서 철판에 굽고, 참마와 특제 양념을 넣어 샌드위치를 만든다.

재료(1접시 분량)

식빵(가장자리 제거하여 슬라이스) … 2장

체다치즈(슬라이스) … 2장

햄(슬라이스) … 1장

1. 200℃ 철판에 오일을 두르지 않고 식빵 2장을 올린다. 치즈 2장 사이에 햄을 끼운 것을 1장의 식빵 위에 올린 뒤(**A**), 다른 1장을 뒤집어서 덮는다.
2. 클로슈를 덮어서 굽고, 중간에 1번 열어서 뒤집는다.(**B**).
3. 빵 양면에 구운 색이 고르게 나면 주걱 2개를 가운데에 찔러 넣고(**C**), 한쪽 주걱을 움직여서 자른다. 다시 반으로 잘라(**D**) 접시에 담는다.

TAKAMARU DENKI

다카마루 덴키

도쿄·시부야

간판은 「氣」라는 네온사인 하나. 주상복합 건물 2층에 있어 입구를 찾기 힘들다. 은신처 같은 분위기로 입소문이 나고 있다.

철판의 현장감과 속도감은 「지금 시대」에 딱 맞는!

철판을 효과적으로 사용해 독특한 자기만의 스타일을 확립한 새로운 스타일의 이자카야. 4개의 아일랜드 식탁을 배치한 실내 인테리어와 포장마차처럼 떠들썩한 분위기가 독특해서, 20~40대의 유행에 민감한 손님들로 항상 만석이다.

다카마루 세이지 대표는 레몬즙과 술을 섞어서 만든 레몬사와 붐을 일으킨 도쿄 에비스의 선술집 「반샤쿠야 오진죠」의 인기몰이를 주도한 사람으로, 다카마루 덴키가 두 번째 가게이다.

「콘셉트는 '주방 안'에 있는 듯한 분위기입니다. 콘셉트에 맞게 작은 철판을 도입했습니다. 철판구이의 친근함, 현장감이나 속도감 있는 조리가 지금 시대에 딱 맞다고 생각합니다」라는 것이 다카마루 대표의 설명이다.

음식 메뉴는 45가지 정도로, 그중 30% 정도를 철판으로 만든다. 달걀구이, 야키소바 등 매우 익숙한 요리에 이곳만의 개성과 응용을 더해 특별한 요리를 선보인다.

「이자카야의 철판구이에서 중요한 것은 '어렵지 않은' 것입니다. 메뉴 설계-폭신한 것인지, 바삭한 것인지, 충분히 굽는 것인지-를 심플하고 명확하게 함으로써, 안정적인 완성도를 유지합니다」.

가게의 인기 메뉴 중 하나인 「달걀구이」는 철판을 잘 활용해 단숨에 익힘으로써, 안은 반숙이고 전체적으로는 폭신하게 완성한다. 베이스인 달걀물과 수제 소스를 미리 준비해두기 때문에 안정적으로 제공할 수 있다. 철판을 내세우지만 오히려 철판 메뉴를 줄이고 정밀도를 높였다. 여기에 계절별 토핑과 수제 소스로 맛에 차별화를 주는 것이 전략이다.

조리대와 객석의 일체감이 포장마차처럼 활기찬 분위기를 만들어낸다. 재료나 메뉴 내용은 계속 업그레이드 중이다. 「합리적인 가격이지만 고품질」이 다카마루의 비전이다.

다카마루 대표는 히로시마현 출신이다. 어릴 때부터 철판에 익숙해서 이자카야에 철판구이를 도입했다. 가게 이름은 본가인 전기점 이름에서 따온 것. 2020년 7월에 오픈하였다.

DATA

주소	東京都 渋谷区 東1-25-5 フィルパーク渋谷 東2階
전화	090-3502-9747
URL	www.instagram.com/ takamaru_denki/
영업시간	평일 15:00~23:30 주말, 공휴일 14:00~23:30 일요일 14:00~23:00
가격	「볶음면」 660엔(+ 삼겹살 330엔 / + 꽃부추 440엔) 「달걀구이」 660엔(+ 파르메산 330엔)

高丸電氣

삼겹살 +부추꽃대 +볶음면

유명 제면소 「가이카로」에서 특별 주문한 면을 사용한다. 이자카야답게 두꺼운 면을 식감을 살려 바삭하게 구워서, 「조금씩 집어먹기 좋은」 술안주 느낌의 일품요리이다. 초피향과 진한 소스가 악센트.

재료(1접시 분량)

중화면(아사쿠사 가이카로) … 150g

수제 야키소바 소스* … 적당량

삼겹살(얇게 썬) … 40g

부추꽃대(고치산) … 40g(약 20개)

화자오 … 조금

소금, 후추

* 사오싱주, 굴소스 등을 섞어서 만든다.

1. 면은 미리 찜기로 찐다(특유의 쫄깃함이 생겨 조리시간을 단축할 수 있다).
2. 철판에 오일을 조금 두르고 면을 풀어주면서 굽는다. 바삭하게 구워서 익힌다(**A**).
3. 동시에 토핑을 굽는다. 삼겹살은 한입크기로 썰어서 볶고, 꽃부추는 물을 조금 부은 뒤 클로슈를 덮어서 찌듯이 굽는다. 각각 소금, 후추로 간을 한다(**B**).
4. 면의 표면이 바삭하게 구워지면 야키소바 소스를 넣고(**C**), 골고루 섞어서 면과 잘 어우러지게 한다. 접시에 담고 토핑으로 삼겹살과 부추꽃대를 올린 뒤 화자오를 갈아서 뿌린다.

※ 토핑은 p.165의 달걀구이와 공통으로 약 20가지 중에서 선택할 수 있다.

향신 토마토 소스와 파르메산 치즈를 올린 달걀구이

가장 인기가 많은 메뉴. 철판에 부어 단숨에 익힌 뒤 부드럽게 모양을 정리해서 속은 반숙으로 완성한다. 향신료를 넣은 산뜻한 토마토 소스를 올리는데, 토마토 소스 외에 흑초 굴소스 버전도 있다.

재료

a | 달걀 … 40개
가쓰오부시 육수(니반다시) … 적당량
소금 … 적당량
설탕 … 적당량

파르메산 치즈

파슬리(다진)

향신 토마토 소스*

b | 쿠민씨 … 20g
코리앤더씨 … 20g

c | 다이스 토마토(통조림) … 2550g
올리브오일 … 30g

가람마살라 … 조금

소금, 오일

* **b**를 오일로 템퍼링하고 **c**와 섞어서 살짝 익힌 뒤, 가람마살라와 소금으로 간을 한다. 제공할 때는 필요한 분량만큼 깊은 트레이에 담아 철판에 올려 데운다.

1 **a**를 섞어서 체에 내려 달걀물을 준비한다.

2 철판에 달걀물(약 200㎖)을 붓고(**A**), 공기를 머금도록 주걱으로 크게 섞은 뒤, 가장자리를 모아서(**B**) 전체적으로 부드럽게 모양을 정리한다(**C**, **D**).

3 접시에 담고 따듯하게 데운 향신 토마토 소스를 듬뿍 올린다. 파르메산 치즈를 갈아서 얹고 잘게 다진 파슬리를 뿌린다.

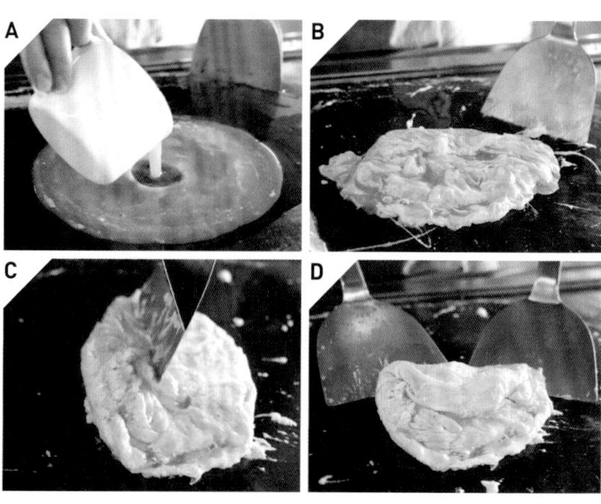

팽이버섯 내장젓갈 버터구이

날것으로도 먹을 수 있고 단맛이 강한, 고치산 「기와미 에노키(최상품 팽이버섯)」를 1묶음 통째로 사용한 스페셜 메뉴. 속까지 익도록 클로슈를 사용해 천천히 찌듯이 굽는다.

재료(1접시 분량)

팽이버섯(고치산 「기와미 에노키」) … 1묶음
버터 … 적당량
도미내장젓갈 … 적당량
a | 간장
　 | 검은 후추
베이컨(슬라이스) … 1장
파슬리(다진) … 적당량
레몬 … 1조각
검은 후추 … 적당량

1 철판에 오일을 조금 두르고 밑동을 자른 팽이버섯을 통째로 올린다. 물을 조금 붓고(**A**) 클로슈를 덮어 찌듯이 굽는다. 중간에 1번 뒤집는다.

2 도미내장젓갈(**a**를 넣어 맛을 낸)과 버터를 깊은 트레이에 넣고 섞은 뒤, 철판에 올려 가열한다(**B**). 옆에 베이컨을 올려서 굽는다.

3 클로슈를 열어 팽이버섯에서 나온 수분을 전체에 흡수시킨다. **2**의 소스를 팽이버섯 위에 뿌린다(**C**). 접시에 담고 베이컨을 올린다. 다진 파슬리를 뿌리고 레몬을 곁들인다.

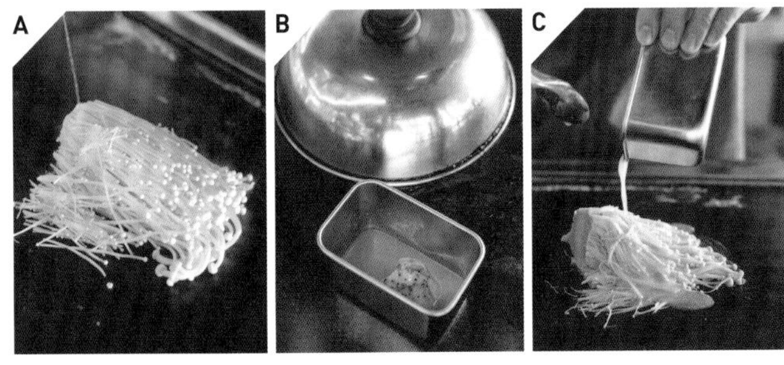

닭목살과 연근 쿠민볶음

닭목살을 천천히 익혀서 쫄깃한 식감과 함께 고기의 감칠맛을 살린다. 연근도 천천히 익혀 단맛을 끌어낸다.

A

B

재료

닭목살 … 80g
연근(얇게 썬) … 60g
마늘종 … 40g
쿠민(씨+파우더) … 적당량씩
간장양념*
소금, 후추
대파의 흰 부분(채썬)
실고추

* 간장, 굴소스, 참기름, 마늘, 생강, 두반장 등을 섞은 것.

1 닭목살을 한입크기로 썬다. 철판에 오일을 넉넉히 두르고 달군 뒤, 소금과 쿠민씨를 뿌린 닭목살을 굽는다. 단단한 부분이므로 천천히 익힌다(**A**).

2 동시에 연근을 올려서 굽는다. 소금, 후추를 살짝 뿌리고 익으면 간장양념을 두른 뒤(**B**), 2㎝ 길이로 자른 마늘종을 넣어 **1**과 함께 볶는다. 쿠민파우더를 뿌려 마무리한다. 접시에 담고 채썬 대파의 흰 부분과 실고추를 올린다.

KONAMONO SHOUTEN

창작 철판요리 고나모노 쇼텐

도쿄·다마치

독자성과 가성비로 공략하는 스테이크 & 오코노미야키

「철판왕, 대표이사가 굽는다」. 매장을 경영하는 ㈜다가타메의 대표, 스즈키 마사시의 명함에 적힌 문구이다. 2013년에 고향인 치바현 후나바시시에서 「창작 철판요리 고나모노 본점」을 오픈했고, 현재는 도쿄 긴시초의 「고나모노 도쿄」, 닌교초의 「고나모노 우시시」, 미타의 「고나모노 쇼텐」을 비롯해 후나바시에서 고깃집도 운영하고 있다. 2021년 3월에는 에비스에 닭고기 철판요리를 전문으로 하는 「도리료리 조자」를 열었고, 「요식업은 손님을 기쁘게 해야 의미가 있고, 맛, 가격, 비주얼, 이름까지, 모두 즐거움을 줄 수 있어야 합니다」라는 매우 진지한 신념을 갖고 있다.

고나모노가 성공한 이유는 서민들이 원하는 철판구이집을 멋지게 구현했기 때문이다. 수만 엔이 당연한 구로게와규 스테이크 코스가 5,000엔대부터 시작한다. 최고급 샤토브리앙을 「거의 원가 100%」인 100g당 4,180엔이라는 가격으로 제공한다. 한편, 고급음식점에는 없는 부침요리와 안주로 먹기 좋은 일품요리도 공존한다. 그것도 모두 독특한 요리들이다. 「명물 후와야키」는 「일본 최고의 부드러운 오코노미야키」라는 광고 문구를 먼저 정하고, 시행착오 끝에 반죽을 한쪽만 익혀서 둥글게 마는 새로운 스타일로 완성하였다.

20명 정도 되는 직원 대부분이 20대로 젊다. 철판구이 기술 향상과 동기부여를 위해 사내 자격제도인 「쇼닌(굽기장인)」 제도를 마련해, 시험에 합격하면 손님 앞에 설 수 있고 승급도 가능하다. 또한 그러기 위해 반값으로 고기 굽는 훈련을 허용하고 있다. 뿐만 아니라 철판왕은 독립과 사내 창업도 아낌없이 지원하고 있다.

31평 38석. 카본램프히터식 철판 4개를 아일랜드형으로 설치하였다. 테이블석은 카운터 너머로, 개인실은 주방의 작은 창을 통해 음식을 제공하는 구조이다. 점장인 요시다 다이스케는 영업 전후에 철판구이 기술을 계속 연습해서 쇼닌 시험에 한 번에 합격했다.

「고나모노」라는 이름은 스즈키 대표가 가업인 오코노미야키 가게에 감사하는 마음으로 지은 것. 철판구이는 굽기 기술자의 육성이 필요하므로, 당분간은 고깃집 가맹점을 전국에 오픈할 예정이라고 한다.

DATA

주소	東京都 港区 芝5-9-8 GEMS田町 8F
전화	03-6275-1929
영업시간	11:30~14:00(월~금) 17:00~23:00 연중무휴
가격	「코스」 5. 478엔~ 「스페셜 양파구이」 748엔 「스테이크 샌드위치」 1,980엔

명물 후와야키

한쪽 면만 구운 뒤 둥글게 말아 소스 등을 뿌리는 사이, 남은 열로 속까지 아슬아슬하게 익는다. 마지막에 올리는 달걀도 철판으로 요리하는데, 「액체도 아니고 고체도 아닌」 그 절묘한 상태로 마무리하는 것이 포인트.

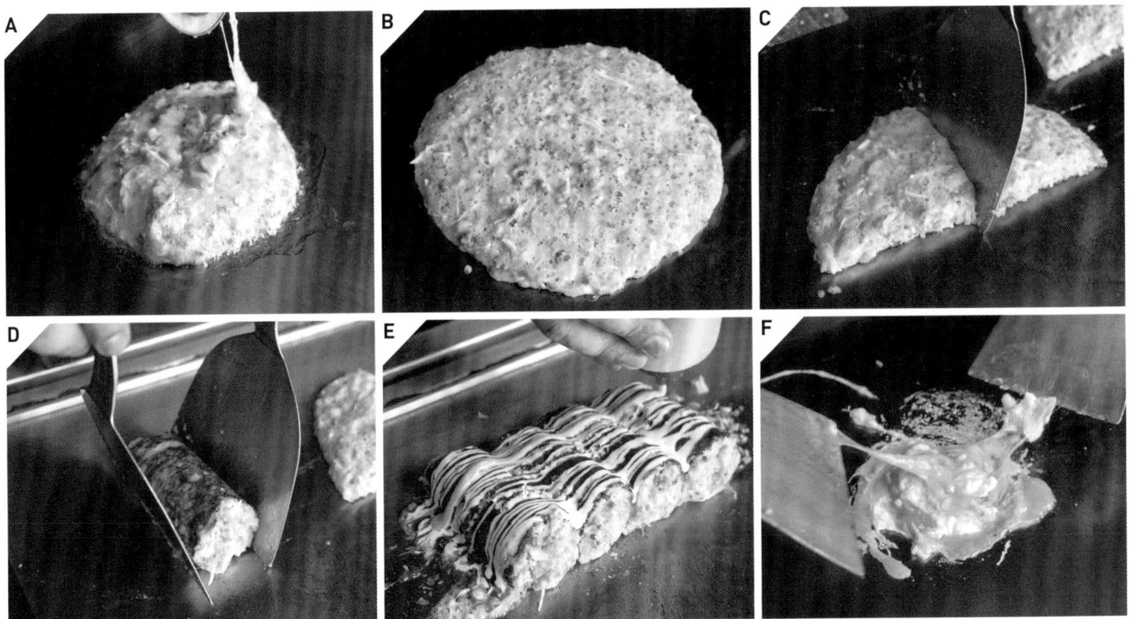

재료

a | 오코노미야키 반죽
소고기 소보로*
양배추(채썬)
달걀
튀김 부스러기

토핑

달걀
가쓰오부시(깎은)
오코노미야키 소스
수제 마요네즈
수제 머스터드
파래가루

* 스테이크용 소고기의 자투리 부분을 다져서 구운 뒤, 간장, 맛술, 설탕, 양파와 함께 조린다.

1 **a**를 볼에 담고 소고기 소보로를 스푼으로 풀어준 뒤, 반죽에 공기가 들어가도록 재빨리 섞는다.

2 철판의 고온 위치에 오일을 넉넉히 두르고 **1**을 붓고(**A**), 옆으로 흐르는 반죽을 주걱으로 부드럽게 모아서 둥글게 정리하면서 그대로 굽는다. 표면에 기포가 생기고 기포 주위의 반죽이 익기 시작한다(**B**).

3 반죽이 익으면(약 4분 뒤), 사방에서 주걱을 반죽 밑으로 넣어 철판에서 떼어낸 뒤 4등분한다(**C**). 철판의 저온 위치로 옮긴다.

4 반죽의 1/3 정도를 안쪽으로 접고, 나머지 1/3을 덮어 둥글게 말아서 롤모양을 만든다(**D**).

5 롤 4개를 가지런히 놓고 가쓰오부시를 뿌린 뒤, 디스펜서로 오코노미야키 소스와 마요네즈를 순서대로 전체에 뿌린다. 머스터드는 2줄로 짠다(**E**). 주걱으로 한꺼번에 들어서 접시에 담는다.

6 철판 위를 주걱으로 깨끗하게 정리한 뒤, 고온 위치에 오일을 넉넉히 두르고 달걀을 깨서 올린다. 곧바로 한쪽 주걱으로 노른자를 풀고, 소용돌이를 그리듯 빠르게 섞으면서 다른 주걱으로 전체적인 모양을 정리한다(**F**). 15초 안에 완성시켜서 **5** 위에 올린다. 파래가루를 뿌리고 주걱을 밑에 끼워서 제공한다.

한입 굴구이

고기, 부침요리, 제철채소가 특화된 메뉴에서 몇 안 되는 해산물 요리 중 하나. 미식가를 위한 오코노미야키의 이미지로, 밀가루를 사용하지 않은 참마반죽을 깔고 몬자야키 센베이로 고소함을 표현한다.

재료

굴(특대 사이즈)
참마 반죽*
오코노미야키 소스
수제 마요네즈
몬자야키 센베이**
트러플오일***
버터
박력분

* 참마를 갈아서 다시마와 가쓰오부시 육수를 넣고 풀어준 뒤 파래가루를 넣는다.
** 몬자야키 반죽을 철판에 얇게 펴서 굽는다.
*** 화이트트러플 조각을 넣어 풍미가 배어든 E.V.올리브오일.

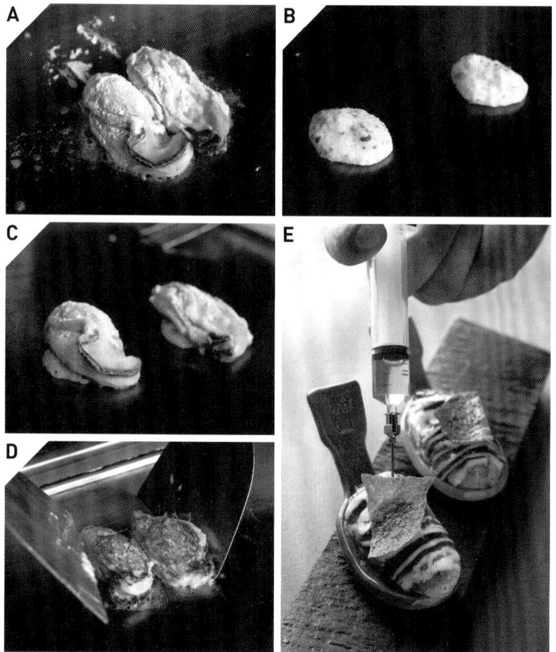

1 철판의 중온 위치에 버터를 녹이고, 양면에 박력분을 묻힌 굴을 편평한 쪽이 아래로 가게 올린다(**A**).
2 이어서 바로 고온 위치에 참마 반죽을 올린다(**B**). 바로 굴을 올리고(**C**) 참마 반죽이 익도록 30초 정도 굽는다.
3 처음에 굴을 올렸던 위치에 오일을 넉넉히 두르고 **2**를 뒤집어서 놓는다(**D**).
4 15초 정도 구운 뒤 디스펜서로 오코노미야키 소스와 마요네즈를 순서대로 뿌린다. 철판에 묻은 소스는 주걱으로 제거하고, 굴을 고온 위치로 옮겨서 15초 정도 더 굽는다.
5 스푼모양의 그릇에 담고 몬자야키 센베이를 잘라서 올린다. 손님 앞에서 트러플오일을 주사기로 뿌린다(**E**).

오너 추천 전채요리

김, 절편, 육회, 어란 등, 가게 오너가 좋아하는 음식들을 한입에 먹을 수 있게 조금씩 조합한 메뉴. 계절에 따라 다른 재료를 사용하기도 한다. 코스요리의 전채로 제공한다.

재료

얇은 절편
한국산 김
구로게와규 육회
새싹파
어란(냉동)

1 철판의 고온 위치에 얇게 썬 절편을 놓고 양면이 타지 않을 정도로 굽는다(**A**).

2 접시에 김을 놓고 **1**을 올린다(**B**).

3 육회를 한입크기로 뭉치고 토치로 살짝 구워서(**C**) **2** 위에 올린다.

4 새싹파를 올리고 손님 앞에서 어란을 갈아 뿌린다.

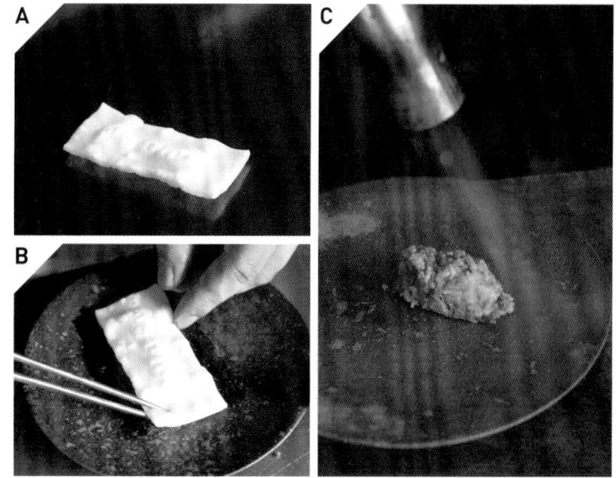

스페셜 양파구이

오븐요리를 철판으로도 만들 수 있다는 것을 보여주는 메뉴. 딱 맞는 클로슈를 덮어 30분 동안 익힌 양파는 단맛이 충분히 우러나고, 알맞은 식감과 고소한 향이 느껴진다.

재료

양파
데미글라스 소스
수제 머스터드 소스
양파 플레이크
말린 파슬리
버터, 소금, 후추

1. 양파의 위아래를 껍질째 자른다.
2. 철판의 고온 위치에 오일을 두르고 양파를 올린다. 소금, 후추를 뿌리고 버터를 올린다(**A**). 물을 붓고 클로슈를 덮어(**B**) 중온 위치로 옮긴다.
3. 30분 정도 찌듯이 굽는다. 중간에 상태를 보고 물이 부족하면 보충한다. 1번 뒤집는다(**C**).
4. 접시에 데미글라스 소스를 담고 **3**을 올린다.
5. 양파 플레이크와 파슬리를 뿌린다. 머스터드 소스를 작은 원모양으로 짠 뒤, 꼬치로 선을 그어서 하트모양을 만든다.

스테이크 샌드위치

가쓰샌드(돈가스 샌드위치)의 감칠맛을 분석해 스테이크로 응용한 요리. 고기는 브랜드나 등급에 구애받지 않고, 그때그때 가장 상태가 좋은 것을 구입해 사용한다. 550엔을 추가하면 샤토브리앙으로 변경할 수 있다.

재료(1인분)

구로게와규 안심(두께 2~3㎝) … 40~50g
대나무숯 식빵(15㎜) … 1/2장
수제 머스터드 소스
양파 플레이크
오코노미야키 소스
수제 채소 소스*

* 양파와 당근을 페이스트로 만들고 달걀과 오일을 넣어 유화시킨 것.

1 철판의 고온(260℃) 위치에 오일을 두르고 구로게와규 안심을 올린다. 중간중간 주위의 오일을 주걱으로 모아서 고기 밑에 넣어준다(**A**).

2 총 5분 동안 굽는데, 중간에 3번 뒤집는다. 처음 뒤집었을 때 구운 면에 소금, 후추를 뿌리고, 2번째 뒤집었을 때도 뿌린다. 적당히 오일을 보충하면서 굽는다(**B**).

3 **2**를 진행하면서 동시에 대나무숯 식빵 1/2장을 다시 2등분해서 중온 위치에 놓고 노릇하게 굽는다(**C**).

4 고기가 다 구워지면 위아랫면을 살짝 철판에 대고 데운 뒤 도마 위로 옮긴다. 옆면을 얇게 잘라내 자른 면의 붉은 기가 보이게 한다.

5 손님 앞에서 **3**의 식빵을 구운 면이 아래로 가게 접시에 놓고 머스터드를 뿌린 뒤, 고기를 올리고 양파 플레이크를 얹는다(**D**). 오코노미야키 소스, 채소 소스를 순서대로 뿌리고, 식빵 1장을 구운 면이 위로 오게 덮는다.

철판구이의 기술

펴낸이 유재영
펴낸곳 그린쿡
엮은이 시바타쇼텐
옮긴이 용동희

기 획 이화진
편 집 박선희
디자인 임수미

1판 1쇄 2022년 11월 4일

출판등록 1987년 11월 27일 제10-149
주소 04083 서울 마포구 토정로 53(합정동)
전화 02-324-6130, 324-6131
팩스 02-324-6135
E-메일 dhsbook@hanmail.net
홈페이지 www.donghaksa.co.kr
www.green-home.co.kr
페이스북 www.facebook.com/greenhomecook
인스타그램 www.instagram.com/__greencook

ISBN 978-89-7190-841-9 13590

일본어판 스태프
촬영_ Haruko Amagata(+동영상), Takahiro Takami(p.66~79), Norimasa Koshida(p.96~104)
아트디렉션_ Mitsunobu Hosoyamada / 디자인_ Narumi Noshiro
DTP_ Aoi Yokomura / 편집_ Yumiko Watanabe, Maki Kimura

용동희 옮김
다양한 분야를 넘나들며 활동하는 푸드디렉터.
메뉴개발, 제품분석, 스타일링 등 활발한 활동을 이어가고 있다.
현재 콘텐츠 그룹 CR403에서 요리와 스토리텔링을 담당하고 있으며,
그린쿡과 함께 일본 요리책을 한국에 소개하는 요리 전문 번역가로도 활동하고 있다.